U0685966

中等职业学校工业和信息化精品系列教材

软·件·技·术

Web前端开发
案例教程（HTML5 +CSS3）

项目式微课版

李志云 董文华◎主编

李晓 李阿芳 杨晓莹 杨娜◎副主编

人民邮电出版社

北京

图书在版编目（CIP）数据

Web前端开发案例教程 ：HTML5+CSS3 ：项目式微课版 / 李志云，董文华主编. -- 北京 ：人民邮电出版社，2024.1

中等职业学校工业和信息化精品系列教材

ISBN 978-7-115-62527-4

Ⅰ．①W… Ⅱ．①李…②董… Ⅲ．①网页制作工具－中等专业学校－教材 Ⅳ．①TP393.092.2

中国国家版本馆CIP数据核字(2023)第156422号

内 容 提 要

本书是"十三五""十四五"职业教育国家规划教材，是适切线上线下混合式教学而推出的新形态一体化教材。全书以企业开发的学校真实网站为载体，将学校网站项目拆分为 10 个任务，按照"任务描述→知识准备→任务实现→实训"序化教材内容，采用项目贯穿、任务驱动的方式组织学习，通过任务实现学习 HTML5 语言、CSS3 层叠样式表、盒子模型、表格与表单、HTML5+CSS3 布局等网站开发技术。在关键知识点、任务实现及实训中嵌入二维码，供学生课前或课后观看。

本书可以作为中职或高职院校计算机相关专业"Web 前端开发"或"网页设计"课程的教材，也可以作为 Web 前端开发爱好者的学习参考书。

◆ 主　　编　李志云　董文华

　　副主编　李　晓　李阿芳　杨晓莹　杨　娜

　　责任编辑　马小霞

　　责任印制　王　郁　焦志炜

◆ 人民邮电出版社出版发行　　北京市丰台区成寿寺路 11 号

　　邮编　100164　电子邮件　315@ptpress.com.cn

　　网址　https://www.ptpress.com.cn

　　大厂回族自治县聚鑫印刷有限责任公司印刷

◆ 开本：889×1194　1/16

　　印张：13.25　　　　　　　　　2024 年 1 月第 1 版

　　字数：272 千字　　　　　　　 2025 年 6 月河北第 6 次印刷

定价：49.80 元

读者服务热线：(010)81055256　印装质量热线：(010)81055316

反盗版热线：(010)81055315

前 言

PREFACE

党的二十大报告提出"全面贯彻党的教育方针，落实立德树人根本任务，培养德智体美劳全面发展的社会主义建设者和接班人。"本书将社会主义核心价值观、中华优秀传统文化、大国工匠精神等元素融入教材，坚定历史自信和文化自信。

本书以真实网站（书中用化名：未来信息学院）项目组织内容，从内容安排、知识点组织、教与学、做与练等多方面体现中职教育特色，符合中职学生的学习特点。全书共分为 11 个任务，前 10 个任务根据未来信息学院网站项目划分，每个任务完成一个相对独立的功能。任务 11 结合前 10 个任务的知识，完成未来信息学院网站整体的设计与实现。本书的主要特点体现在以下几个方面。

1. 项目贯穿、任务驱动

本书以完成网站项目组织教与学；以完成任务为导向，引入相关知识点；以"实现任务为主，理论够用"为原则进行编写。

2. 以岗定课、课岗直通

本书根据 Web 前端开发相关岗位的需求，主要介绍主流的 Web 前端开发知识，摒弃过时、不重要的知识点，做到课堂所学与岗位需求紧密衔接。

3. 产教融合、校企合作

本书案例是与道普信息技术有限公司的杨娜工程师合力开发的。另外，国基北盛（南京）科技发展有限公司也对本书的资源制作提供了大力支持和帮助。

本书主要内容及参考学时如表 1 所示。

表1　本书主要内容及参考学时

任务	内容	主要知识点或案例	学时
任务 1	创建第一个 HTML5 网页	Web 相关概念、HTML5 概述、常用的浏览器、网页编辑软件等	2
任务 2	搭建简单学院网站	HTML5 文本标记、列表标记、超链接标记以及图像标记等	12
任务 3	美化简单学院网站	引入 CSS 样式、CSS 常用选择器、CSS 常用文本属性、CSS 的高级特性等	4
任务 4	制作学院介绍页面	盒子模型的概念、相关属性、背景属性等	6

续表

任务	内容	主要知识点或案例	学时
任务 5	制作学院网站导航条	无序列表样式及超链接样式设置、元素的类型与转换、常用导航条结构及样式设置等	4
任务 6	制作学院新闻块	元素的浮动、块元素间的外边距、新闻块页面结构的搭建与新闻块样式设置等	4
任务 7	制作学生信息表	表格的常用标记及样式设置等	4
任务 8	制作学生问卷调查表单	表单标记、表单控件、表单的创建及样式设置等	6
任务 9	制作学院风景墙页面	过渡属性和变形属性	4
任务 10	布局学院网站主页	HTML5+CSS3 常用布局方式	6
任务 11	完整项目：制作学院网站	学院网站的整体设计与实现	12
合计			64

本书配套的数字课程"Web 前端基础"（课程负责人：李志云）已在智慧职教 MOOC 平台上线，读者可以登录网站进行在线学习及资源下载，授课教师可以调用本课程构建符合自身教学特色的 SPOC 课程。

本书由李志云、董文华担任主编，李晓、李阿芳、杨晓莹、杨娜担任副主编，全书由李志云统稿。由于编者水平有限，书中不妥之处敬请读者批评指正。编者电子邮箱：lizhiyunwf@126.com。

编者

2023 年 3 月

目 录

CONTENTS

目 录

C O N T E N T S

目 录

CONTENTS

任务 8 制作学生问卷调查表单 127

任务 9 制作学院风景墙页面 ...141

任务 10 布局学院网站主页 ...157

目 录

CONTENTS

任务1

创建第一个HTML5网页

01

情景导入

计算机专业学生李华听了入学后的专业介绍之后，打算将来成为一名 Web 前端开发工程师。他上网搜索了相关岗位要求，并咨询了学业导师张老师，张老师告诉他应先从 HTML 学起。就像盖房子需要先搭建房子结构，再对房子进行装修，HTML 用于搭建网页结构，后续学习的 CSS 则用于定义网页样式，类似于对房子进行装修美化。接下来我们就和李华一起来学习 HTML5，创建第一个 HTML5 网页吧。

学习及素养目标

◎ 了解 Web 前端开发技术；

◎ 了解 Web 相关概念；

◎ 熟悉常用的浏览器；

◎ 了解常用的网页编辑软件；

◎ 会创建简单的 HTML5 页面；

◎ 了解行业发展，树立职业理想。

1.1　任务描述

启动 HBuilderX，创建一个空项目，项目名称为 chapter01，在该项目中新建一个 HTML 文件，文件名为 example01.html，网页标题为"第一个网页"，在网页上显示："只争朝夕，不负韶华。"网页浏览效果如图 1-1 所示。

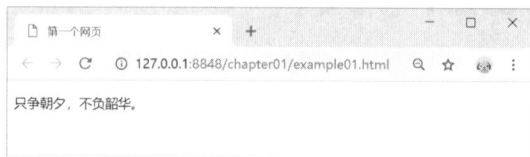

图1-1　第一个网页浏览效果

微课 1-1：
Web 前端开发的前世今生

1.2　知识准备

2005 年以后，互联网进入"Web 2.0"时代，各种类似桌面软件的 Web 应用大量涌现，网站的前端由此发生了翻天覆地的变化。网页不再只承载单一的文字和图片，各种丰富的媒体资源让网页的内容更加生动，各种交互形式为用户提供了更好的使用体验，这些都是基于前端技术实现的。

1.2.1　认识 Web 前端开发

Web 前端开发是指创建 Web 页面或 App 界面等前端界面并将其呈现给用户的过程。通过超文本标记语言（Hyper Text Markup Language，HTML）、串联样式表（Cascading Style Sheets，CSS）、JavaScript，以及衍生的各种技术、框架、解决方案，可实现互联网产品的用户界面。

Web 前端开发也称为"客户端开发"。与 Web 前端开发对应的是 Web 后端开发，Web 后端开发也称为"服务器端开发"，主要负责业务逻辑代码模块的实现。Web 前端开发与 Web 后端开发使用的主要技术如图 1-2 所示。

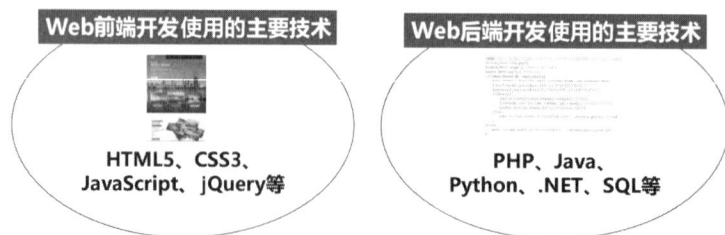

图1-2　Web前端开发与Web后端开发使用的主要技术

本书是介绍 Web 前端开发技术基础的教材，主要介绍利用 HTML5 和 CSS3 构建 Web 网页的知识。

1.2.2　Web 相关概念

对于从事 Web 开发的人员来说，与互联网相关的专业术语，如 IP 地址、域名、URL、网站、网页、主页、HTML、Web 标准等，都是必须了解的。

1. IP 地址、域名与 URL

IP 地址（Internet Protocol Address，互联网协议地址）和域名（Domain Name）都用于标识互联网上的每台主机，IP 地址的格式是×××.×××.×××.×××，其中×××是 0～255 的任意整数，由于 IP 地址是一组枯燥且难记的数字，不易使用，所以我们平时上网使用的是与 IP 地址相对应的域名。URL 是统一资源定位符（Uniform Resource Locator）的缩写。关于三者的描述如图 1-3 所示。

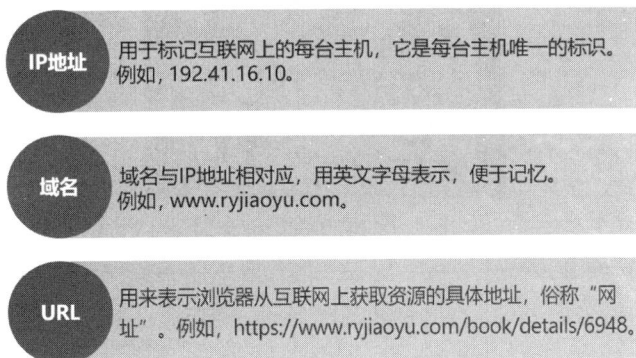

IP地址 用于标记互联网上的每台主机，它是每台主机唯一的标识。例如，192.41.16.10。

域名 域名与IP地址相对应，用英文字母表示，便于记忆。例如，www.ryjiaoyu.com。

URL 用来表示浏览器从互联网上获取资源的具体地址，俗称"网址"。例如，https://www.ryjiaoyu.com/book/details/6948。

图1-3　IP地址、域名与URL的描述

> **注意**　由于本机的 IP 地址是 127.0.0.1，在浏览网页时，出现在地址栏中的 127.0.0.1 就是本机的 IP 地址。

2. 网页、网站与主页

网页就是把文字、图像、声音、视频等多媒体信息，以及分布在互联网上的各种相关信息，相互链接构成的一种信息表达方式。网页、网站与主页的具体描述如图 1-4 所示。

网页
在浏览网站时看到的每个页面都像书中的一页，称之为"网页"。

网站
网站就是一组相互链接的页面的集合。

主页
主页是网站被访问的第一个页面，其中包含指向其他页面的超链接，通常用index.html表示。

图1-4　网页、网站与主页的描述

3. HTML

HTML 表示网页的一种规范（或者说是一种标准），它通过标记来描述显示的网页内容。

HTML 提供了许多标记，如段落标记、标题标记、超链接标记和图像标记等。网页中需要显示什么内容，就用相应的 HTML 标记进行描述。图 1-5 和图 1-6 所示是京东商城的主页和该主页的 HTML 源代码。

图1-5　京东商城的主页

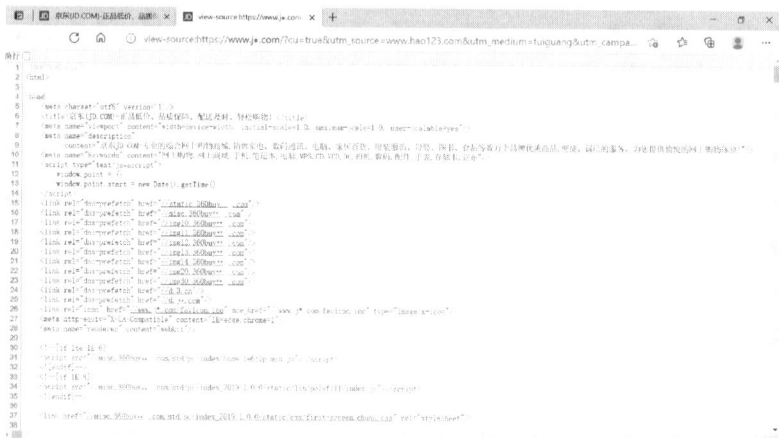

图1-6　京东商城主页的HTML源代码

4．Web 标准

为了使网页在不同的浏览器中呈现相同的效果，在开发应用程序时，浏览器开发商和 Web 开发商都必须共同遵守 W3C（World Wide Web Consortium，万维网联盟）与其他标准化组织共同制定的一系列 Web 标准。万维网联盟是国际最著名的标准化组织之一。Web 标准并不是某一个标准，而是一系列标准的集合，其构成如图 1-7 所示。

图1-7　Web标准构成

1.2.3　HTML5 概述

　　HTML5 是 HTML 的第 5 代，在互联网上的应用越来越广泛。HTML5 将 Web 应用带入一个标准的应用平台。在 HTML5 平台上，视频、音频、图像和动画等都被标准化。

　　HTML5 取代了 1999 年制定的 HTML 4.01 和 XHTML 1.0 标准，在互联网应用迅速发展的时候，使网络标准符合实际的网络需求，为桌面和移动平台带来紧密衔接的丰富内容。HTML5 的第一份正式草案已于 2008 年 1 月公布，并得到了各个浏览器开发商的广泛支持。2014 年 10 月 29 日，W3C 宣布 HTML5 标准规范制定完成，并公开发布。HTML5 的主要优势如图 1-8 所示。

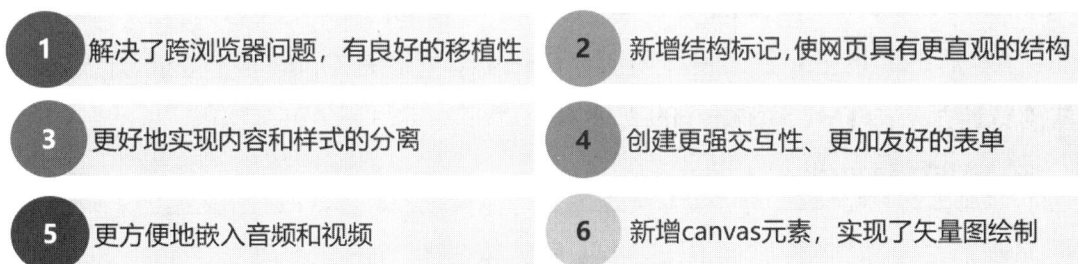

1 解决了跨浏览器问题，有良好的移植性	2 新增结构标记，使网页具有更直观的结构
3 更好地实现内容和样式的分离	4 创建更强交互性、更加友好的表单
5 更方便地嵌入音频和视频	6 新增canvas元素，实现了矢量图绘制

图1-8　HTML5的主要优势

1.2.4　常用的浏览器

　　浏览器是网页运行的平台，网页文件必须使用浏览器打开才能呈现网页效果。目前，常用的浏览器有 Edge、火狐（Firefox）、Chrome、Safari 和 Opera 等，如图 1-9 所示。

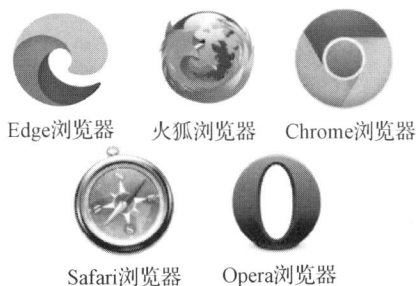

Edge浏览器　　火狐浏览器　　Chrome浏览器

Safari浏览器　　Opera浏览器

图1-9　常用的浏览器

1. Edge 浏览器

　　Edge 浏览器是微软推出的新一代的浏览器，是 IE 的替代产品，其功能全面，支持扩展程序，界面简洁，注重实用性，对 HTML5 有很好的支持。

2. 火狐浏览器

　　火狐浏览器发布于 2002 年，是一个开源网页浏览器。火狐浏览器由 Mozilla 基金会和开源开发者一起开发。由于是开源的浏览器，所以它可以集成很多小插件，具有可扩展等特点。

　　由于火狐浏览器对 Web 标准的执行比较严格，所以在实际网页制作过程中，火狐浏览器是最常用的浏览器之一，对 HTML5 的支持度也很高。

3. Chrome 浏览器

Chrome 浏览器是由谷歌公司开发的公开源代码的浏览器。该浏览器的目标是提升网页的稳定性、传输速度和安全性，并提供简洁有效的使用界面。Chrome 浏览器完全支持 HTML5。

> **注意**
>
> 本书所有页面在浏览时一律采用 Chrome 浏览器。

4. Safari 和 Opera 浏览器

Safari 浏览器是苹果公司开发的浏览器。Opera 浏览器是 Opera 软件公司开发的一款浏览器。两款浏览器都对 HTML5 有很好的支持。

1.2.5　网页编辑软件

网页编辑软件有很多种，常用的网页编辑软件有 HBuilderX、Visual Studio Code、Dreamweaver、Sublime Text 等，具体介绍如图 1-10 所示。

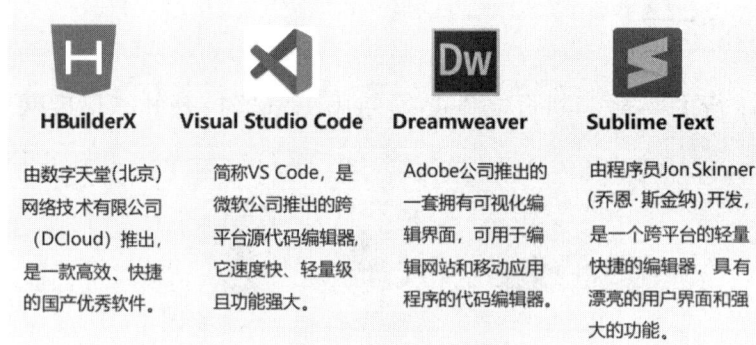

HBuilderX	Visual Studio Code	Dreamweaver	Sublime Text
由数字天堂(北京)网络技术有限公司(DCloud)推出，是一款高效、快捷的国产优秀软件。	简称VS Code，是微软公司推出的跨平台源代码编辑器，它速度快、轻量级且功能强大。	Adobe公司推出的一套拥有可视化编辑界面，可用于编辑网站和移动应用程序的代码编辑器。	由程序员Jon Skinner(乔恩·斯金纳)开发，是一个跨平台的轻量快捷的编辑器，具有漂亮的用户界面和强大的功能。

图1-10　常用的网页编辑软件

HBuilderX、Visual Studio Code 和 Sublime Text 这三款网页编辑软件都具有快捷、高效的特点，使用人数众多。HBuilderX 和 Visual Studio Code 可以免费下载使用。Dreamweaver 有可视化的编辑界面，对于 Web 开发初学者来说，无须编写任何代码就能快速创建 Web 页面，但运行时速度稍慢。

本书所有代码均在 HBuilderX 中完成编写。

1.3　任务实现

创建 HTML5 网页的具体步骤如下。

1. 启动 HBuilderX

下载并安装 HBuilderX 后，双击 HBuilderX.exe 文件或桌面上的 HBuilderX 快捷方式，启

微课视频

微课 1-2：任务实现

动 HBuilderX，界面如图 1-11 所示。

图1-11 HBuilderX界面

2. 新建项目

项目用来存储一个网站的所有文件，这些文件包括网页文件、图像及音视频文件、脚本文件、样式表文件等。

从菜单栏中选择"文件"|"新建"|"项目"选项，出现"新建项目"对话框，输入项目名称"chapter01"，项目存放位置为"E:/Web前端开发/源代码"，选择模板类型为"空项目"，单击"创建"按钮，如图 1-12 所示。

此时一个项目创建完成，在 HBuilderX 的左侧视图中显示了该项目，如图 1-13 所示。若左侧视图没显示在 HBuilderX 界面中，则可选择菜单栏中的"视图"|"显示项目管理器"选项使其显示。

图1-12 新建项目

图1-13 项目创建完成

3. 在项目中创建网页文件

在左侧视图中右击"chapter01"，在弹出的快捷菜单中选择"新建"|"html 文件"选项，出现"新建 html 文件"对话框，输入文件名"example01.html"，单击"创建"按钮，如图 1-14 所示。

图1-14 创建网页文件

4．输入网页代码

在网页文件代码的<title>与</title>之间输入 HTML 文档的标题，这里输入"第一个网页"，然后在<body>与</body>标记之间添加网页的主体内容，如图 1-15 所示。

```
<p>只争朝夕，不负韶华。</p>
```

这里的<p>和</p>是 HTML 段落标记，在任务 2 中会详细介绍。

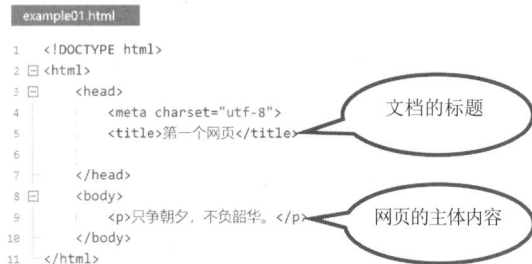

图1-15　输入网页代码

5．保存文件

在菜单栏中选择"文件"｜"保存"选项，或按"Ctrl+S"组合键，即可保存文件内容。

6．浏览网页

在 HBuilderX 中单击工具栏中的"浏览器运行"按钮 ⊙，或按"Ctrl+R"组合键，选择 Chrome 浏览器浏览网页，效果如图 1-16 所示。

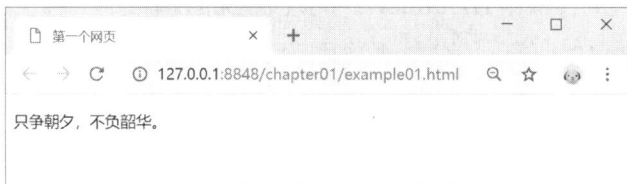

图1-16　浏览网页效果

至此，创建了一个 HTML5 项目 chapter01，该项目包含一个网页文件 example01.html。还可以在该项目中用同样的方法继续创建新的网页文件。

> **注意**　如果计算机中已安装了浏览器软件，浏览网页时，也可在"此电脑"或"计算机"中双击文件名来浏览。

任务小结

本任务主要介绍了 Web 前端开发的基础知识，包括 Web 相关概念、HTML5 概述、常用的浏览器、网页编辑软件，以及使用 HBuilderX 开发工具创建简单的 HTML5 项目网页文件的步骤等。本任务的主要知识点如图 1-17 所示。

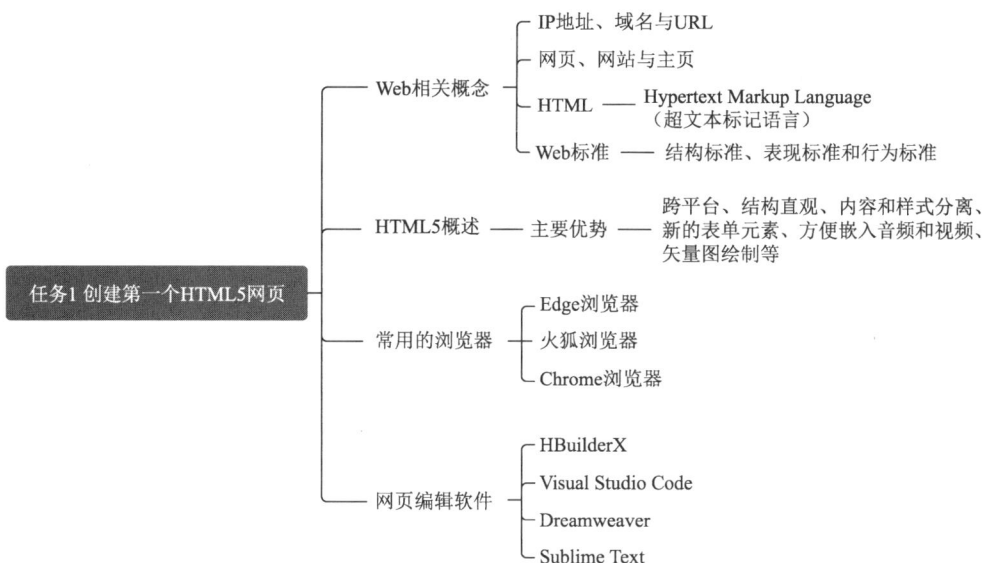

图1-17 任务1的主要知识点

习题 1

一、单项选择题

1. HTML 的中文意思是（　　　）。

  A. 文件传输协议　　　　　　　　　　B. 超文本传输协议

  C. 超文本标记语言　　　　　　　　　　D. 统一资源定位符

2. URL 的中文意思是（　　　）。

  A. 文件传输协议　　　　　　　　　　B. 超文本传输协议

  C. 超文本标记语言　　　　　　　　　　D. 统一资源定位符

3. 下面的应用软件中，不可以用于网页制作的是（　　　）。

  A. Sublime Text　　　　　　　　　　B. HBuilderX

  C. Dreamweaver　　　　　　　　　　D. 3ds Max

二、判断题

1. 使用 Chrome 浏览器浏览网页时，在网页的任意空白处右击，选择"查看网页源代码"选项可以查看网页的 HTML 代码。（　　　）

2. HTML5 可以跨平台使用，具有良好的移植性。（　　　）

3. Web 标准并不是某一个标准，而是一系列标准的集合，主要包括结构标准、表现标准和行为标准。（　　　）

4. 一个项目只能有一个网页文件。（　　　）

实训1

1-3：实训1
参考步骤

一、实训目的

1. 熟悉 HBuilderX 界面，会创建简单的网页。
2. 了解 HTML5 文件的基本结构。

二、实训内容

1. 在本任务创建的 chapter01 项目中新建一个网页文件，文件名称为 myself.html，网页主体内容为自己的学号、姓名、性别、特长等信息，保存后浏览网页。

2. 练习项目和网页文件的基本操作。

在 HBuilderX 中，可以对项目或网页文件进行重命名、移除项目、删除网页文件等操作。其操作方法是右击项目或网页文件名称，选择相应的选项。请同学们自行练习。

三、实训总结

1. 如何在 HBuilderX 中创建项目？
2. 如何在项目中创建网页文件？
3. 在 HBuilderX 中移除项目，但未删除项目，如何再将其在 HBuilderX 中打开？

扩展阅读

Web 前端开发的前世和今生

"Web 前端开发"是从"网页设计"演变而来的。1991 年 8 月，英国科学家蒂姆·伯纳斯·李（Tim Berners-Lee）发布了第一个网站，这个网站只有简单的文本、十几个超链接。这之后的两三年，出现的网页也都比较简单，只有文本、图像、表格等内容。1994 年，W3C 成立，确定了网页使用的标准语言 HTML。也是在这一年，中国正式接入互联网，我国开始逐渐进入"互联网时代"。

1995—2004 年一般称为"Web 1.0"时代，这一时期大部分网站都是由静态页面构成的，信息只是单纯地被发布到网络上供访问者浏览。网站以静态、单向阅读为主，这类网站的代表主要有新浪、网易、搜狐等。

2005 年后，互联网进入"Web 2.0"时代，用户不再是互联网信息被动的接收者，而是作为参与者参与到了互联网的发展之中。用户不再是单纯的浏览者，而是互联网这张大网的编织者、使用者与传播者。这类网站的代表主要有百科全书、网摘、黄页、论坛、博客、搜索引擎、微博等。

2012 年后，随着智能手机等各种智能终端的普及，互联网进入"Web 3.0"时代，特别是 2014 年，HTML5 标准发布，全新的以 HTML5 为核心的前端技术正以破竹之势横扫互联网，各种HTML5的移动应用影响着我们生活的方方面面，比如，美团、抖音、微信等各种App，都是前端技术迅猛发展的产物。

现在的 Web 前端开发与以前的网页设计早已有了天壤之别，前端开发不仅包括网页开发，还包括各种移动端App 的开发以及微信小程序的开发。网站不仅运行于PC 端，也运行于各种移动端。前端技术"炙手可热"，企业急需大量优秀的 Web 前端开发工程师，那如何才能成为 Web 前端开发工程师，将来能在此领域顺利就业呢？万丈高楼平地起，我们得从基础学起。

Web 前端开发主要包含三大技术：描述网页内容的 HTML，描述网页样式的 CSS，以及描述网页行为的脚本语言 JavaScript。除了这三大技术外，目前的 Web 前端开发还要用到 Bootstrap 等多种框架，而新的框架不断涌现，前端技术正蓬勃发展。

任务2

搭建简单学院网站

情景导入

　　李华学习了任务 1 后，他迫切地想学习更多的 HTML5 知识，想知道如何在网页上添加更多的内容，比如怎样在网页上添加标题、段落、列表、图像和超链接等。接下来，我们就和李华一起来学习 HTML5 网页的基本结构和常用的 HTML5 标记，最后利用这些知识搭建简单学院网站。

学习及素养目标

◎ 掌握 HTML5 网页的基本结构；

◎ 掌握常用的 HTML5 标记；

◎ 熟练使用 HTML5 常用标记搭建简单网站；

◎ 在编写代码时养成认真、细致、精益求精的工匠精神。

2.1　任务描述

综合利用 HTML5 标记，搭建一个简单学院网站，页面浏览效果如图 2-1～图 2-4 所示，具体要求如下。

（1）从主页可以链接到其他页面，从其他页面可以返回到主页。

（2）在主页中创建友情链接，链接到百度网站和学院官网。

（3）在学院新闻页面中，新闻条目采用无序列表展示，且每个条目都建立超链接。

（4）单击学院新闻页面中的第一条新闻，链接到新闻详情页面。

图2-1　网站首页

图2-2　学院简介页面

图2-3　学院新闻页面

图2-4　新闻详情页面

2.2　知识准备

网页中显示的内容是通过 HTML 标记描述的，网页文件其实是一个纯文本文件。在 HTML 发展过程中，推出了 HTML 1.0、HTML 2.0、HTML 3.2、HTML 4.0 和 HTML5 等多个版本，在这个过程中新增了许多 HTML 标记，同时也淘汰了一些 HTML 标记。

HTML5 并不是对旧版本的 HTML 的颠覆性革新，它的核心理念是保持与过去技术的完美衔接，因此 HTML5 对旧版本的 HTML 有很好的兼容性，同时 HTML5 能兼容各种不同的浏览器；HTML5 的结构代码也更简洁、易用。

学习 HTML5 首先需要了解 HTML5 的语法及常用的 HTML5 标记。

2.2.1　HTML5 文档的基本结构

使用 HBuilderX 新建网页文件时会自动生成一些源代码，这些自带的源代码构成了 HTML5 文档的基本结构。

微课视频

微课 2-1：
HTML5 文档
的基本结构

例 2-1　在 HBuilderX 中新建项目，项目名称为 chapter02，位于 "E:/Web 前端开发/源代码" 目录下，选择模板类型为 "空项目"，单击 "创建" 按钮。创建项目后，右击项目名称，选择 "新建" | "html 文件" 选项，在 "新建 html 文件" 对话框中输入文件名称 "example01.html"，单击 "创建" 按钮，此时可以看到系统自动生成的源代码如下。

```
<!DOCTYPE html>
<html>
 <head>
     <meta charset="utf-8">
     <title></title>
 </head>
 <body>
 </body>
</html>
```

这些源代码构成了 HTML 文档的基本结构，其中主要包括<!DOCTYPE >文档类型声明、<html>标记、<head>标记、<body>标记。

1.　<!DOCTYPE>文档类型声明

<!DOCTYPE>位于文档的最前面，用于向浏览器说明当前文档使用哪种 HTML 标准规范。HTML5 的文档类型声明非常简单，代码如下。

```
<!DOCTYPE html>
```

必须在文档开头使用<! DOCTYPE >标记为 HTML 文档指定 HTML 文档类型，只有这样浏览器才能将该文档作为有效的 HTML 文档，并按指定的文档类型进行解析。

2.　<html>标记

<html>标记标志着 HTML 文档的开始，</html>标记标志着 HTML 文档的结束。在它们之间的是文档的头部信息和主体内容。

3.　<head>标记

<head>标记用于定义 HTML 文档的头部信息，也称为头部标记。<head>标记紧接在<html>标记之后，主要用来封装其他位于文档头部的标记，例如<title>、<meta>和<style>等用来描述文档的标题、作者及样式等的标记。

一个 HTML 文档只能含有一对<head>标记。

4. <body>标记

<body>标记用于定义 HTML 文档所要显示的主体内容，也称为主体标记。浏览器中显示的所有文本、图像、音频和视频等信息都必须位于<body>标记内。

一个 HTML 文档只能含有一对<body>标记，且<body>标记必须在<html>标记内，位于<head>标记之后，与<head>标记是并列关系。

2.2.2 HTML 标记及其属性

2.2.1 节介绍的<html>标记、<head>标记和<body>标记都是 HTML 文档中的基本标记，除了这些标记之外，HTML5 还提供了大量其他的标记，下面对标记及标记中的属性进行简要说明。

1. 标记

在 HTML 文档中，带有"< >"符号的元素称为 HTML 标记。HTML 文档由标记和被标记的内容组成。标记可以产生所需的各种效果。

标记的格式如下。

```
<标记>受标记影响的内容</标记>
```

使用标记时要遵循如图 2-5 所示的规则。

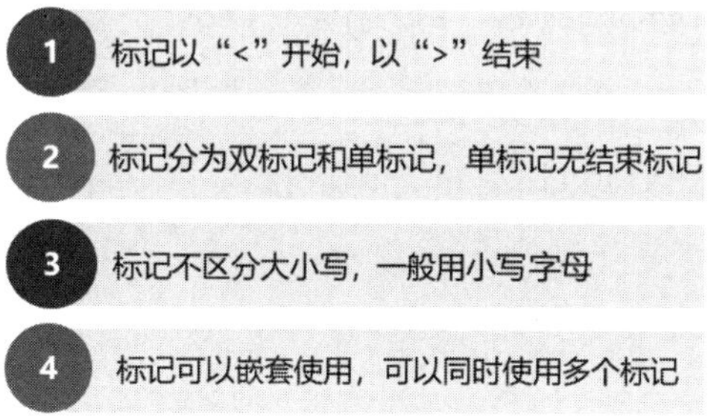

1	标记以 "<" 开始，以 ">" 结束
2	标记分为双标记和单标记，单标记无结束标记
3	标记不区分大小写，一般用小写字母
4	标记可以嵌套使用，可以同时使用多个标记

图2-5 标记的规则

例如：

```
<title>学院介绍</title>
```

<title>是双标记，由<title>和</title>构成。

```
<hr>
```

<hr>是单标记，无结束标记。

2. 标记的属性

许多标记还包括一些属性，以便对受标记影响的内容进行更精细的控制。标记可以通过不同的属性展现各种效果。

属性在标记中的使用格式如下。

```
<标记 属性1="属性值1" 属性2="属性值2"... >受标记影响的内容</标记>
```

使用属性时要遵循如图 2-6 所示的规则。

1. 所有属性必须包含在开始标记里
2. 不同属性间用空格隔开
3. 属性值需要用双引号引起来
4. 属性值不设置时采用默认值
5. 属性之间的顺序为任意顺序
6. 有的标记无属性

图2-6 属性的规则

例如，<a href="http://www.sdcit.edu.cn">未来信息学院</a>。

其中超链接标记<a>的属性 href 用于设置超链接的目标地址。

3. 注释标记

如果需要在 HTML 文档中添加一些便于读者阅读和理解，但又不需要显示在页面中的注释文字，就需要使用注释标记。其基本语法格式如下。

```
<!-- 注释文字 -->
```

例如，<a href="http://www.sdcit.edu.cn">未来信息学院</a><!--给文字设置超链接-->。

下面介绍 HTML5 中的常用标记。

微课视频

微课 2-2：HTML 文本标记

2.2.3 HTML 文本标记

网页中控制文本的标记有标题标记、段落标记、水平线标记、换行标记、字体样式标记、特殊字符等。

1. 标题标记

标题标记的语法格式如下。

```
<hn>标题文字</hn>
```

说明 使用该标记设置文档中的标题，其中 n 为 1～6 的数字，<h1>表示设置一级标题，<h6>表示设置六级标题。

用<hn>设置的标题文字在浏览器中显示时默认都以粗体显示，而且标题文字单独显示为一行。

例 2-2 在项目 chapter02 中新建一个网页文件，在代码中使用标题标记，文件名为 example02.html，代码如下。

```
<!DOCTYPE html>
<html>
<head>
    <meta charset="utf-8">
    <title>标题标记</title>
</head>
<body>
    <h1>凡是过往，皆为序章。</h1>
```

```
        <h2>凡是过往，皆为序章。</h2>
        <h3>凡是过往，皆为序章。</h3>
        <h4>凡是过往，皆为序章。</h4>
        <h5>凡是过往，皆为序章。</h5>
        <h6>凡是过往，皆为序章。</h6>
        <p>凡是过往，皆为序章</p>
    </body>
</html>
```

浏览网页，效果如图2-7所示。

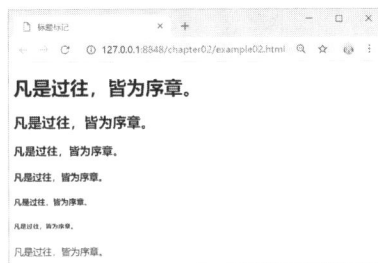

图2-7 标题标记

2. 段落标记

段落标记的语法格式如下。

```
<p>段落文字</p>
```

> **说明** "p"是英文"paragraph"（段落）的缩写。<p>和</p>之间的文字表示一个段落，表示多个段落需要用多对段落标记。

例2-3 在项目 chapter02 中新建一个网页文件，在代码中使用段落标记，文件名为 example03.html，代码如下。

```
<!DOCTYPE html>
<html>
 <head>
     <meta charset="utf-8">
     <title>段落标记</title>
 </head>
 <body>
     <h2>未来信息学院简介</h2>
     <p>未来信息学院是省人民政府批准设立、教育部备案的公办省属普通高等学校，学校秉持"以服务发展为宗旨，以促进就业为导向"的办学方针，遵循"以人为本、德技双馨、产教融合、服务社会"的办学理念，以"建设有特色高水平高职院校"为目标，建立了开放创新强校模式，累积了优质的教育资源，形成了良好的育人环境。学校的管理水平、教学质量、办学特色得到社会各界的广泛肯定。</p>
     <p>学校是教育部批准的"国家示范性软件职业技术学院"首批建设单位，部队士官人才培养定点院校，"3+2"对口贯通分段培养本科招生试点院校，省示范性高职单独招生试点院校；是国家首批"电子信息产业高技能人才培训基地""省级服务外包人才培训基地""省级劳务外派培训基地""省信息安全培训中心"；荣获"全国信息产业系统先进集体""省职业教育先进集体""德育工作优秀高校"等称号。</p>
    </body>
</html>
```

浏览网页，效果如图2-8所示。

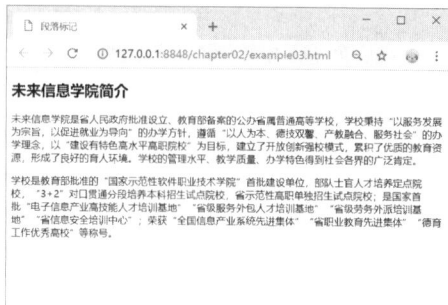

图2-8　段落标记

3．水平线标记

水平线标记的语法格式如下。

```
<hr>
```

> **说明**　　"hr"是英文"horizontal rule"（水平线）的缩写，其作用是绘制一条水平线。该标记为单标记。

例 2-4　在项目 chapter02 中新建一个网页文件，在代码中使用水平线标记，文件名为 example04.html，代码如下。

```
<!DOCTYPE html>
<html>
<head>
    <meta charset="utf-8">
    <title>水平线标记</title>
</head>
<body>
    <h2>未来信息学院简介</h2>
    <hr>
    <p>未来信息学院是省人民政府批准设立、教育部备案的公办省属普通高等学校，学校秉持"以服务发展为宗旨，以促进就业为导向"的办学方针，遵循"以人为本、德技双馨、产教融合、服务社会"的办学理念，以"建设有特色高水平高职院校"为目标，建立了开放创新强校模式，累积了优质的教育资源，形成了良好的育人环境。学校的管理水平、教学质量、办学特色得到社会各界的广泛肯定。</p>
    <p>学校是教育部批准的"国家示范性软件职业技术学院"首批建设单位，部队士官人才培养定点院校，"3+2"对口贯通分段培养本科招生试点院校，省示范性高职单独招生试点院校；是国家首批"电子信息产业高技能人才培训基地""省级服务外包人才培训基地""省级劳务外派培训基地""省信息安全培训中心"；荣获"全国信息产业系统先进集体""省职业教育先进集体""德育工作优秀高校"等称号。</p>
</body>
</html>
```

浏览网页，效果如图 2-9 所示。

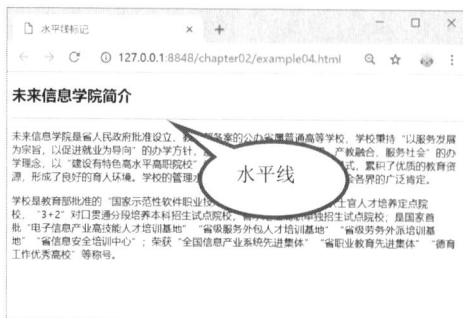

图2-9　水平线标记

4. 换行标记

换行标记的语法格式如下。

```
<br>
```

> **说明** "br" 是英文 "break" 的缩写，其作用是强制换行。该标记为单标记。

例 2-5 在项目 chapter02 中新建一个网页文件，在代码中使用换行标记，文件名为 example05.html，代码如下。

```
<!DOCTYPE html>
<html>
 <head>
     <meta charset="utf-8">
     <title>换行标记</title>
 </head>
 <body>
     <h1>冬夜读书示子聿</h1>
     <hr>
     <h3>[宋] 陆游</h3>
     <p>
         古人学问无遗力，<br>
         少壮工夫老始成。<br>
         纸上得来终觉浅，<br>
         绝知此事要躬行。
     </p>
 </body>
</html>
```

浏览网页，效果如图 2-10 所示。

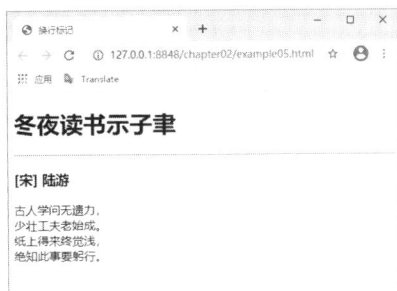

图2-10 换行标记

> **注意** 使用标记
换行后，换行后的文字和上面的文字保持相同的属性，仍然属于同一个段落。也就是说，
使文字换行但不分段。

5. 字体样式标记

字体样式标记可以设置文字的粗体、斜体、删除线和下画线效果。字体样式标记如图 2-11

所示。

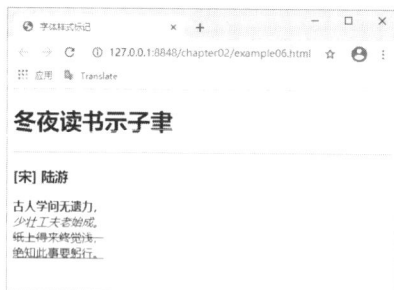

`<strong>文本内容</strong>`	**文本内容**以粗体显示
`<em>文本内容</em>`	文本内容以斜体显示
`<del>文本内容</del>`	文本内容添加删除线
`<ins>文本内容</ins>`	文本内容添加下画线

图2-11　字体样式标记

例 2-6　在项目 chapter02 中新建一个网页文件，在代码中使用字体样式标记，文件名为 example06.html，代码如下。

```html
<!DOCTYPE html>
<html>
 <head>
    <meta charset="utf-8">
    <title>字体样式标记</title>
 </head>
 <body>
    <h1>冬夜读书示子聿</h1>
    <hr>
    <h3>[宋] 陆游</h3>
    <p>
        <strong>古人学问无遗力，</strong><br>
        <em>少壮工夫老始成。</em><br>
        <del>纸上得来终觉浅，</del><br>
        <ins>绝知此事要躬行。</ins>
    </p>
 </body>
</html>
```

浏览网页，效果如图 2-12 所示。

图2-12　字体样式标记

6．特殊字符

在网页设计过程中，除了显示文字以外，有时还需要插入一些特殊字符，如版权符号、注册商标、货币符号等。这些字符需要用一些符号代码来表示。表 2-1 列出了常用特殊字符的符号代码。

表2-1　　　　　　　　　　　　　　常用特殊字符的符号代码

特殊字符	符号代码	备注
空格		表示占一个英文字符的空格
>	&gt;	大于号
<	&lt;	小于号
©	&copy;	版权符号
®	&reg;	注册商标
¥	&yen;	人民币符号

例2-7　在项目 chapter02 中新建一个网页文件，在代码中使用特殊字符的符号代码，文件名为 example07.html，代码如下。

```html
<!DOCTYPE html>
<html>
 <head>
     <meta charset="utf-8">
     <title>特殊字符</title>
 </head>
 <body>
     <h2>未来信息学院简介</h2>
     <hr>
     <p>  未来信息学院是省人民政府批准设立、教育部备案的公办省属普通高等学校,学校秉持"以
服务发展为宗旨,以促进就业为导向"的办学方针,遵循"以人为本、德技双馨、产教融合、服务社会"的办学理念,以"建
设有特色高水平高职院校"为目标,建立了开放创新强校模式,累积了优质的教育资源,形成了良好的育人环境。学校的管
理水平、教学质量、办学特色得到社会各界的广泛肯定。</p>
     <p>  学校是教育部批准的"国家示范性软件职业技术学院"首批建设单位,部队士官人才培养
定点院校,"3+2"对口贯通分段培养本科招生试点院校,省示范性高职单独招生试点院校;是国家首批"电子信息产业高
技能人才培训基地""省级服务外包人才培训基地""省级劳务外派培训基地""省信息安全培训中心";荣获"全国信息产业
系统先进集体""省职业教育先进集体""德育工作优秀高校"等称号。</p>
     <hr>
     <p>版权所有&copy;未来信息学院</p>
 </body>
</html>
```

浏览网页，效果如图 2-13 所示。

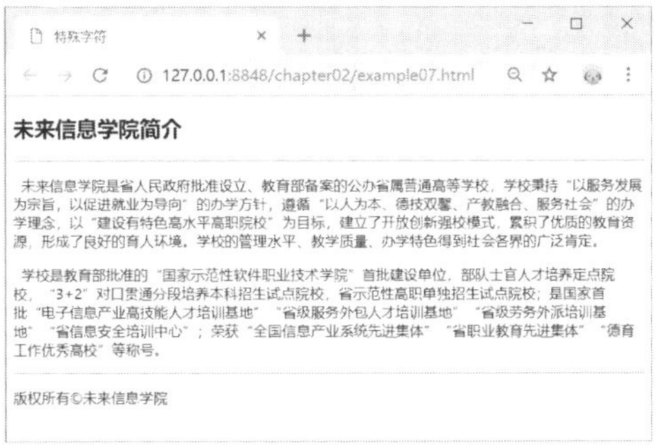

图2-13　特殊字符

注意　　　　输入特殊字符的符号代码时，字母必须区分大小写，而且字母后面的分号不能省略。

微课视频

微课 2-3：
HTML 列表
标记

2.2.4   HTML 列表标记

列表是一种常用的组织信息的方式，HTML 提供了列表标记，可实现无序列表、有序列表、列表嵌套和自定义列表等。

1. 无序列表

无序列表标记的基本语法格式如下。

```html
<ul>
    <li>列表项 1</li>
    <li>列表项 2</li>
    <li>列表项 3</li>
    ...
</ul>
```

> **说明**   ul 是英文"unordered list"（无序列表）的缩写。浏览器在显示无序列表时，会以特定的项目符号对列表项进行排列。

例 2-8   在项目 chapter02 中新建一个网页文件，在代码中使用无序列表标记，文件名为 example08.html，代码如下。

```html
<!DOCTYPE html>
<html>
 <head>
     <meta charset="utf-8">
     <title>无序列表</title>
 </head>
<body>
     <h2>本学期所学课程</h2>
     <hr>
     <ul>
         <li>信息技术基础</li>
         <li>Web 前端基础</li>
         <li>Python 语言程序设计</li>
         <li>大学英语</li>
     </ul>
</body>
</html>
```

浏览网页，效果如图 2-14 所示。

图2-14   无序列表

注意　　<li>与</li>之间相当于有一个容器,可以容纳所有的网页元素。但是<ul></ul>中只能嵌套<li></li>,直接在<ul></ul>标记中输入文字的做法是不允许的。

2. 有序列表

有序列表标记的基本语法格式如下。

```
<ol>
    <li>列表项 1</li>
    <li>列表项 2</li>
    <li>列表项 3</li>
    ...
</ol>
```

说明　　ol 是英文 "ordered list"(有序列表)的缩写。浏览器在显示有序列表时,会用数字对列表项进行排列。

例 2-9　在项目 chapter02 中新建一个网页文件,在代码中使用有序列表标记,文件名为 example09.html,代码如下。

```
<!DOCTYPE html>
<html>
 <head>
    <meta charset="utf-8">
    <title>有序列表</title>
 </head>
 <body>
    <h2>本学期所学课程</h2>
    <hr>
    <ol>
        <li>信息技术基础</li>
        <li>Web 前端基础</li>
        <li>Python 语言程序设计</li>
        <li>大学英语</li>
    </ol>
 </body>
</html>
```

浏览网页,效果如图 2-15 所示。

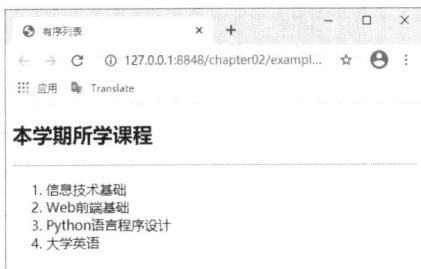

图2-15　有序列表

3. 列表嵌套

在 HTML 中可以实现列表的嵌套，也就是说，无序列表或有序列表的列表项中还可以包含有序列表或无序列表。

例 2-10   在项目 chapter02 中新建一个网页文件，在代码中使用列表嵌套，文件名为 example10.html，代码如下。

```html
<!DOCTYPE html>
<html>
 <head>
     <meta charset="utf-8">
     <title>列表嵌套</title>
 </head>
 <body>
     <h2>今天的课程表</h2>
     <hr>
     <ul>
         <li>上午课程
             <ul>
                 <li>信息技术基础</li>
                 <li>Web 前端基础</li>
             </ul>
         </li>
         <li>下午课程
             <ol>
                 <li>Python 语言程序设计</li>
                 <li>大学英语</li>
             </ol>
         </li>
     </ul>
 </body>
</html>
```

浏览网页，效果如图 2-16 所示。

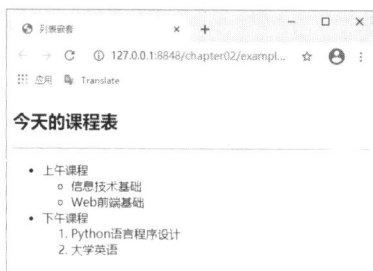

图2-16   列表嵌套

4. 自定义列表

自定义列表用于对条目或术语进行解释或描述。与无序列表和有序列表的列表项不同，自定义列表的列表项前没有任何项目符号或数字。

自定义列表标记的基本语法格式如下。

```html
<dl>
    <dt>条目 1</dt>
    <dd>数据</dd>
```

```
        <dd>数据</dd>
        ...
    <dt>条目 2</dt>
    <dd>数据</dd>
    <dd>数据</dd>
    ...
</dl>
```

> **说明**
>
> dl 是英文 "definition list"（定义列表）的缩写。dt 是 "definition term"（定义项）的缩写，表示条目名称；dd 是 "definition data"（定义数据）的缩写，表示条目的数据内容。

<dl>标记中可以有多对<dt>标记，每对<dt>标记下可以有多对<dd>标记。

自定义列表在显示时，条目的数据内容会自动缩进，使列表结构更加清晰。

例 2-11　在项目 chapter02 中新建一个网页文件，在代码中使用自定义列表标记，文件名为 example11.html，代码如下。

```html
<!DOCTYPE html>
<html>
 <head>
    <meta charset="utf-8">
    <title>自定义列表</title>
 </head>
 <body>
    <h2>专业介绍</h2>
    <hr>
    <dl>
        <dt>计算机应用技术专业</dt>
        <dd>本专业服务于计算机应用领域相关行业，培养具备 Web 应用开发、软件设计与开发、计算机系统
维护、网络管理与维护等能力，能够从事办公自动化处理、网站开发软件编程及测试、网络运维管理等工作，具有创新能力
和创业精神的技术型和高层次技能型人才。</dd>
        <dt>软件技术专业</dt>
        <dd>本专业面向 IT 企业，培养 Web 前端开发工程师、Java 开发工程师、软件测试工程师、PHP 开发
工程师、产品设计师、系统运维工程师、软件售前售后工程师、软件实施工程师等，毕业生可从事软件开发、测试、系统维
护、技术服务、应用管理等工作，也可在企事业单位中从事信息系统的设计、开发、管理、维护等工作。</dd>
    </dl>
 </body>
</html>
```

浏览网页，效果如图 2-17 所示。

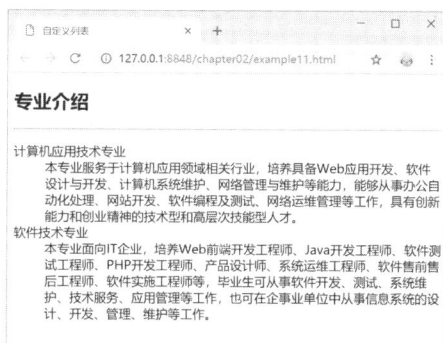

图2-17　自定义列表

2.2.5 HTML 超链接标记

超链接是大多数网站都具有的重要功能。超链接通常有如图 2-18 所示的 3 种形式。

页面间的超链接
该链接指向当前页面以外的其他页面，单击该链接将完成页面之间的跳转。

锚点链接
指向页面内的某一个位置，单击该链接可以完成页面内的跳转。

空链接
单击该链接时不进行任何跳转。

图2-18 超链接的3种形式

微课视频

微课 2-4：
HTML 超链
接标记

超链接的语法格式如下。

```
<a href="目标地址" target="目标窗口" title="提示文本">热点文字</a>
```

说明

（1）href：定义超链接指向的文档的 URL，URL 可以是绝对 URL，也可以是相对 URL。

① 绝对 URL：也称绝对路径，是指资源的完整地址，包含协议名称、计算机域名以及路径等，代码如下。

```
<a href="https://www.baidu.com">百度</a>
```

② 相对 URL：也称相对路径，是指目标地址相对当前页面的路径，代码如下。

```
<a href="webs/page1.html">热点文字</a>
```

上面的相对 URL 表示 page1.html 是在当前目录下 webs 子目录中的文件。

若目标文件在当前目录的上一级目录中，则应该写成下面的格式。

```
<a href="../page1.html">热点文字</a>
```

其中，..表示当前目录的上一级目录。

（2）target：定义超链接的目标文件在哪个窗口打开。其常用取值有_blank 和_self。_blank 表示在新的浏览器窗口打开；_self 表示在原来的窗口打开，_self 是默认取值。

（3）title：定义鼠标指针指向超链接文字时显示的提示文字。通常在网页中显示新闻列表时，鼠标指针指向新闻可显示完整的新闻标题，此时就用 title 设置显示的内容，代码如下。

```
<a href="news1.html" title="学院 2023 年新年贺词：风正劲 帆高扬 提质培优谱新篇">
学院 2021 年新年贺词...</a>
```

1. 页面间的超链接

例 2-12   在项目 chapter02 中新建两个网页文件，文件名分别为 example12_1.html 和 example12_2.html，通过超链接实现两个页面间的相互跳转。

第一个网页文件 example12_1.html 的代码如下。

```
<!DOCTYPE html>
<html>
 <head>
     <meta charset="utf-8">
     <title>页面间的超链接</title>
 </head>
 <body>
     <p><a href="example12_2.html">学院简介</a></p>
 </body>
</html>
```

第二个网页文件 example12_2.html 的代码如下。

```
<!DOCTYPE html>
<html>
 <head>
     <meta charset="utf-8">
     <title>页面间的超链接</title>
 </head>
 <body>
     <h2>学院简介</h2>
     <hr>
     <p>未来信息学院是省人民政府批准设立、教育部备案的公办省属普通高等学校，学校秉持"以服务发展为宗旨，以促进就业为导向"的办学方针，遵循"以人为本、德技双馨、产教融合、服务社会"的办学理念，以"建设有特色高水平高职院校"为目标，建立了开放创新强校模式，累积了优质的教育资源，形成了良好的育人环境。学校的管理水平、教学质量、办学特色得到社会各界的广泛肯定。</p>
     <p><a href="example12_1.html">返回</a></p>
 </body>
</html>
```

浏览网页，效果如图 2-19 和图 2-20 所示。

图2-19　页面间的超链接　　　　　图2-20　跳转到学院简介页面

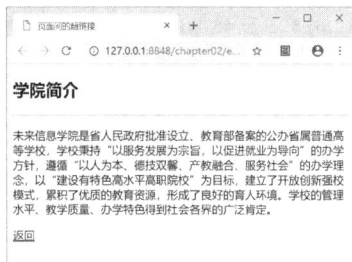

在浏览器中打开 example12_1.html 文件时，建立了超链接的文字"学院简介"变成了蓝色的，且自动添加了下画线。当鼠标指针移动到"学院简介"上时，鼠标指针变成小手形状，单击该链接，跳转到 example12_2.html 学院简介页面。

单击 example12_2.html 学院简介页面中的"返回"时，跳转到第一个页面。

2. 锚点链接

当同一页面中内容较多，浏览时需要不断拖动滚动条来查看内容时，为了提高信息检索速度，可以在页面上创建锚点链接来快速定位到要查看的内容。

创建锚点链接需要以下两步。

第一步：定义锚点的位置，使用 id="锚点名称"来标注。

第二步：创建指向锚点的链接，使用<a href="#锚点名称">热点文字</a>。

例 2-13　在项目 chapter02 中新建一个网页文件，显示多个专业的介绍，在页面顶部创建锚点链接，单击专业名称时，定位到介绍该专业的位置，文件名为 example13.html，代码如下。

```
<!DOCTYPE html>
<html>
 <head>
     <meta charset="utf-8">
     <title>锚点链接</title>
 </head>
 <body>
     <p><a href="#yingyong">计算机应用技术专业</a>    <a href=
"#ruanjian">软件技术专业</a>    <a href="#yunjisuan">云计算技术应用专业
</a></p>
     <h3 id="yingyong">计算机应用技术专业</h3>  <!-- 定义锚点位置 -->
     <p>计算机应用技术专业是重点建设专业，也是我校最大的专业之一，现有在校生 1500 余人。本专业从 2002
年开始招生，紧跟新一代信息技术发展趋势，致力于为区域经济发展服务，面向办公信息化、网站开发、软件编程及测试、
网络运维管理等领域，为社会输送高素质技术技能人才。</p>
     …
     <h3 id="ruanjian">软件技术专业</h3>
     <p>软件技术专业为省级特色专业、中央财政支持重点建设专业，是计算机与软件技术省级品牌专业群核心专
业；拥有软件技术省级优秀教学团队 1 个、省级教学名师 1 人、省级名师工作室 1 个；为我院首个"3+2"对口贯通分段
培养试点专业；与联想集团、师创教育等行业内的知名企业紧密合作，2018 年被省职工教育协会、省校企合作指导委员会
表彰为省校企合作（产教融合）示范性品牌专业；拥有 Java 程序设计、JSP 动态网站设计、C 语言程序设计、Linux 网络
操作系统等 5 门省级精品课程，Java 程序设计、Web 前端开发 2 门省级精品资源共享课程。</p>
     …
     <h3 id="yunjisuan">云计算技术应用专业</h3>
     <p>为满足云计算技术人才培养需求，助力区域经济发展，我校依托计算机与软件技术省级品牌专业群申报云
计算技术应用专业，作为省内较早开设该专业的职业院校，学校非常重视专业的建设和发展，将云计算技术应用专业列为校
级重点建设专业。2017 年开始，我校与企业合作共建云计算技术应用专业，深化产教融合，完善育人机制，优化人才培养
模式，专业核心课程及实训项目依托企业平台实施，提升学生专业技能水平。</p>
     …
 </body>
</html>
```

浏览网页，效果如图 2-21 所示。在该页面中单击"云计算技术应用专业"超链接时，页面会自动定位到云计算技术应用专业介绍处，如图 2-22 所示。

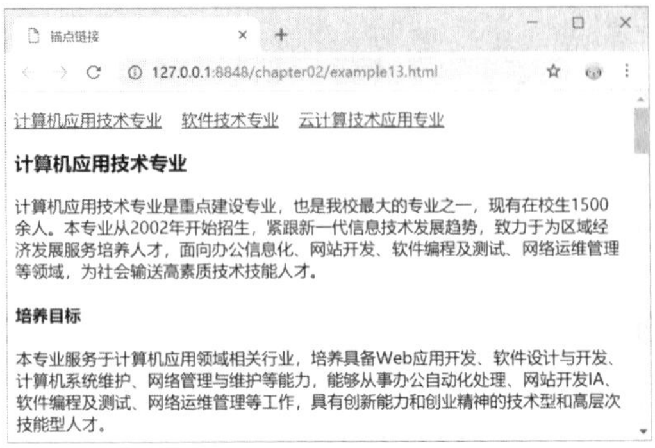

图2-21　锚点链接

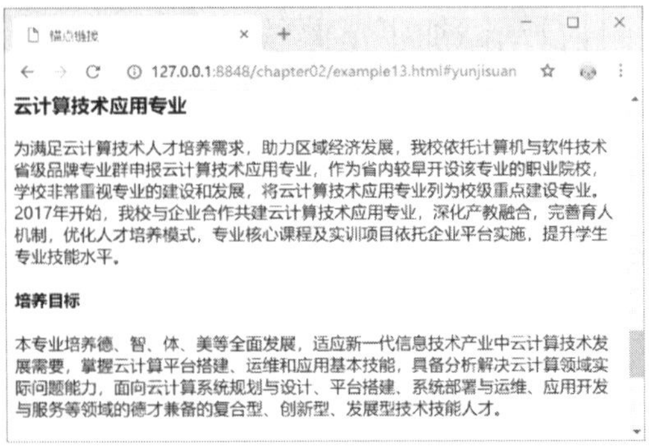

图2-22　页面定位到指定位置

3. 空链接

在制作网页时，如果暂时无法确定超链接的目标文件，可以将其建立为空链接。
空链接的语法格式如下。

```
<a href="#">热点文字</a>
```

空链接也称为假链接，单击该链接时不进行任何跳转。

2.2.6　HTML 图像标记

图像是网页中大量出现的元素，下面对网页中常用的 Web 图像格式和图像标记进行介绍。

微课视频

微课 2-5:
HTML 图像
标记

1. 常用的 Web 图像格式

网页中的图像太大会造成载入速度缓慢，太小又会影响图像的质量。那么哪种图像格式能够让图像更小，却拥有更高的质量呢？下面介绍网页中常用的 3 种图像格式，如图 2-23 所示。

JPG	是一种有损压缩的图像格式，用来保存超过256种颜色的图像，是专为照片设计的文件格式。
GIF	是一种无损压缩的图像格式，只能处理256种颜色，支持动画和透明格式。
PNG	比GIF文件更小，颜色过渡更光滑，支持透明格式，但不支持动画。

图2-23　常用的Web图像格式

在网页中，小图片或网页基本元素（如图标、按钮图像等）一般用 GIF 或 PNG-8 格式；照片、图片等大多使用 JPG 格式。

2. 图像标记

图像标记的语法格式如下。

```
<img src="图像路径" alt="替换文本" title="提示文本" width="图像宽度" height="图像高度" >
```

> 说明
>
> （1）src 属性：设置图像的来源，指定图像文件的路径和文件名，它是\<img\>标记的必选属性。
> （2）alt 属性：设置图像不能显示时的替换文本。
> （3）title 属性：设置鼠标指针指向图像时显示的提示文本。
> （4）width 属性：设置图像的宽度。
> （5）height 属性：设置图像的高度。

例 2-14　在项目 chapter02 中新建一个目录 images，用于保存图像文件，将本任务提供的素材图像复制到该目录中。再在 chapter02 项目中新建一个网页文件，在代码中使用图像标记，文件名为 example14.html，代码如下。

```html
<!DOCTYPE html>
<html>
 <head>
        <meta charset="utf-8">
        <title>图像标记</title>
 </head>
 <body>
        <h1>蒂姆·伯纳斯·李——互联网之父</h1>
        <hr>
        <img src="images/li.png" width="300" alt="蒂姆·伯纳斯·李" title="蒂姆·伯纳斯·李">
        <p>蒂姆·伯纳斯·李（Tim Berners-Lee）爵士（1955 年出生于英国）是万维网的发明者，互联网之父，
英国功绩勋章（OM）获得者，大英帝国官佐勋章（OBE）获得者，英国皇家学会会员，美国国家工程院外籍院士。1989 年
3 月他正式提出万维网的设想，1990 年 12 月 25 日，他在日内瓦开发出了世界上第一个网页浏览器。他是关注万维网发展
的 W3C 的创始人，并获得世界多国授予的多个荣誉。他最杰出的成就，是把免费万维网的构想推广到全世界，让万维网科
技获得迅速的发展，深深改变了人类的生活面貌。</p>
 </body>
</html>
```

浏览网页，效果如图 2-24 所示。

图2-24　图像标记

> **注意**
>
> （1）各浏览器对 alt 属性的解析方式不同，有的浏览器不能正常显示 alt 属性的内容。
>
> （2）width 和 height 属性默认的单位都是 px（像素），这两个属性也可以使用百分比表示。百分比实际上是相对于当前窗口的宽度和高度进行计算的。
>
> （3）如果不给<img>标记设置 width 和 height 属性，则图像按原始尺寸显示；若只设置其中的一个属性，则另一个属性会按原图像尺寸等比例调整。
>
> （4）设置图像的 width 和 height 属性可以实现对图像的缩放，但这样做并没有改变图像文件的实际大小。如果要加快网页的下载速度，则最好使用图像处理软件将图像调整到合适大小，再置入网页中。

3. 使用图像创建超链接

图像不仅能够给浏览者提供信息，还可以用来创建超链接。使用图像创建超链接的方法与使用文字创建超链接的方法类似，在图像标记前后使用<a>和</a>标记即可。

例 2-15　在 chapter02 项目中新建一个网页文件，给图像创建超链接，文件名为 example15. html，代码如下。

```
<!DOCTYPE html>
<html>
 <head>
     <meta charset="utf-8">
     <title>给图像创建超链接</title>
 </head>
<body>
     <p><a href="https://www.baidu.com"><img src="images/logo.png" alt=" LOGO"></a></p>
     <p><a href="images/fj.jpg"><img src="images/fj.jpg" width="300" alt="风景"></a></p>
 </body>
</html>
```

浏览网页，分别单击网页中的两个图像，效果如图 2-25～图 2-27 所示。

图2-25　给图像创建超链接

图2-26　单击百度Logo跳转到百度网站

图2-27　单击第二个图像跳转到图像本身

在例 2-15 的代码中，为第一个图像创建了可以跳转到百度网站的超链接，为第二个图像创建了可以跳转到图像本身的超链接。将图像超链接到图像本身可以查看图像原图。

2.3 任务实现

本节在前面学习 HTML 基本标记的基础上，综合使用各种标记及标记属性搭建简单学院网站。

2.3.1 创建网站目录

2.1 节中已展示过简单学院网站由多个页面构成，而且用到了图像，为了便于操作和组织这些文件，先创建网站目录 school，再创建 images 目录，步骤如下。

（1）右击项目名称"chapter02"，选择"新建"|"目录"选项，创建目录 school。

（2）右击目录名称"school"，选择"新建"|"目录"选项，创建目录 images，用于存放图像文件，把本任务提供的素材中的图像复制到该目录中。

2.3.2 创建网站首页

首先对首页的结构进行分析，然后在项目中创建页面文件，最后使用 HTML 相应标记添加页面的内容。

1. 页面分析

分析图 2-1 所示的首页，该页面有标题文字、带有超链接的文字以及图像等。标题文字使用标记\<h2>设置；带有超链接的文字使用段落标记\<p>和超链接标记\<a>设置；换行使用\
标记设置；图像使用\<img>标记设置。

2. 创建首页

右击目录名称"school"，选择"新建"|"html 文件"选项，将文件命名为 index.html，并添加代码如下。

```
<!DOCTYPE html>
<html>
<head>
    <meta charset="utf-8">
    <title>未来信息学院</title>
</head>
<body>
    <h2>欢迎来到未来信息学院</h2>
    <hr>
    <p><a href="#">学院简介</a><br>
      <a href="#">学院新闻</a><br>
      <a href="#">专业介绍</a><br>
      <a href="#">招生就业</a>
    </p>
    <p><img src="images/school1.jpg" width="400" alt="学院鸟瞰图" title="学院鸟瞰图"></p>
    <p>友情链接: <a href="https://www.baidu.com" target="_blank">百度</a>  
<a href=" https://www.sdcit.edu.cn" target="_blank">学院官网</a></p>
    <hr>
    <p>版权所有&copy;未来信息学院</p>
```

```
</body>
</html>
```

浏览网页，效果如图 2-1 所示。

2.3.3　创建学院简介页面

首先对学院简介页面的结构进行分析，然后在项目中创建页面文件，最后使用 HTML 相应标记添加页面的内容。

1. 页面分析

分析图 2-2 所示的学院简介页面，该页面有标题文字和段落文字等。标题文字使用<h2>标记设置；水平线使用<hr>标记设置；段落文字使用<p>标记设置；"返回"超链接使用<a>标记设置，用于返回首页。

2. 创建学院简介页面

右击目录名称"school"，选择"新建"|"html 文件"选项，将文件命名为 intr.html，并添加代码如下。

```
<!DOCTYPE html>
<html>
 <head>
     <meta charset="utf-8">
     <title>学院简介</title>
 </head>
 <body>
     <h2>学院简介</h2>
     <hr>
     <p>未来信息学院是省人民政府批准设立、教育部备案的公办省属普通高等学校，学校秉持"以服务发展为宗旨，以促进就业为导向"的办学方针，遵循"以人为本、德技双馨、产教融合、服务社会"的办学理念，以"建设有特色高水平高职院校"为目标，建立了开放创新强校模式，积累了优质的教育资源，形成了良好的育人环境。学校的管理水平、教学质量、办学特色得到社会各界的广泛肯定。</p>
     <p>学校是教育部批准的"国家示范性软件职业技术学院"首批建设单位，部队士官人才培养定点院校，"3+2"对口贯通分段培养本科招生试点院校，省示范性高职单独招生试点院校；是国家首批"电子信息产业高技能人才培训基地""省级服务外包人才培训基地""省级劳务外派培训基地""省信息安全培训中心"；荣获"全国信息产业系统先进集体""职业教育先进集体""德育工作优秀高校"等称号。</p>
     <hr>
     <p>版权所有&copy;未来信息学院</p>
     <p><a href="index.html">返回</a></p>
 </body>
</html>
```

浏览网页，效果如图 2-2 所示。

2.3.4　创建学院新闻页面

首先对学院新闻页面的结构进行分析，然后在项目中创建页面文件，最后使用 HTML 相应标记添加页面的内容。

1. 页面分析

分析图 2-3 所示的学院新闻页面，该页面主要由标题文字和列表文字组成。标题文字使用<h2>标记设置；列表文字使用<ul>标记设置；"返回"超链接使用<a>标记设置，用于返回到首页。

2. 创建学院新闻页面

右击目录名称"school"，选择"新建"|"html 文件"选项，将文件命名为 news.html，并添加代码如下。

```
<!DOCTYPE html>
<html>
<head>
        <meta charset="utf-8">
        <title>学院新闻</title>
</head>
<body>
        <h2>学院新闻</h2>
        <hr>
        <ul>
            <li><a href="#" target="_blank">学校联合发起成立软件行业产教联盟(2021-04-09)</a></li>
            <li><a href="#" target="_blank">学校"四个推进"掀起党史学习教育热潮(2021-04-08)</a></li>
            <li><a href="#" target="_blank">学校召开 2021 年度体育工作会议(2021-04-02 )</a></li>
            <li><a href="#" target="_blank">我校举行"铭记历史 缅怀先烈"清明节祭扫先烈活动(2021-04-01)</a></li>
            <li><a href="#" target="_blank">中国工业互联网研究院来我校交流访问(2021-03-30)</a></li>
            <li><a href="#" target="_blank">学校召开党务干部业务培训会议(2021-03-30)</a></li>
            <li><a href="#" target="_blank">我校举行示范课建设专题讲座(2021-03-30)</a></li>
        </ul>
        <hr>
        <p>版权所有&copy; 未来信息学院</p>
        <p><a href="index.html">返回</a></p>
</body>
</html>
```

浏览网页，效果如图 2-3 所示。

2.3.5　创建新闻详情页面

首先对新闻详情页面的结构进行分析，然后在项目中创建该页面，最后使用 HTML 相应标记添加页面的内容。

1. 页面分析

分析图 2-4 所示的新闻详情页面，该页面主要由标题文字、段落文字和图像等组成。标题文字使用<h2>和<h4>标记设置；段落文字使用<p>标记设置；图像使用<img>标记设置；"返回"超链接使用<a>标记设置，用于返回到首页。

2. 创建新闻详情页面

右击目录名称"school"，选择"新建"|"html 文件"选项，将文件命名为 news1.html，

并添加代码如下。

```html
<!DOCTYPE html>
<html>
 <head>
      <meta charset="utf-8">
      <title>学校联合发起成立软件行业产教联盟</title>
 </head>
 <body>
      <h2>学校联合发起成立软件行业产教联盟</h2>
      <h4>撰稿人: 软件与大数据系 时间: 2021-04-09 20:33:17 浏览次数: 181 次</h4>
      <hr>
      <p>4 月 9 日, 软件行业产教联盟成立大会在省城举行, 会上举行了省优秀软件企业和优秀软件产品颁奖仪式,
主题演讲活动于同日举办。</p>
      <p>软件行业产教联盟是在省工业和信息化厅指导下, 由我校和浪潮集团、省软件行业协会联合发起成立的,
联盟有企业会员 196 家、高校会员 55 所。我校任联盟副理事长单位。</p>
      <img src="images/lianmeng.jpg" alt="成立现场">
      <hr>
      <p>版权所有 &copy;未来信息学院</p>
      <p><a href="news.html">返回</a></p>
 </body>
</html>
```

浏览网页，效果如图 2-4 所示。

至此，4 个页面创建完成。最后，打开 index.html 页面，修改该页面的代码，将"学院简介""学院新闻"文字的超链接修改成相应的页面文件，代码如下。

```html
<p><a href="intr.html">学院简介</a><br>
<a href="news.html">学院新闻</a><br>
<a href="#">专业介绍</a><br>
<a href="#">招生就业</a></p>
```

然后，在学院新闻页面中将第一条新闻的超链接修改成新闻详情页面文件，代码如下。

```html
<li><a href="news1.html" target="_blank">学校联合发起成立软件行业产教联盟(2021-04-09)</a>
</li>
```

最后，预览各个网页，检查是否能从首页链接到其他页面以及从其他页面能否返回到首页。

另外，本项目中的专业介绍和招生就业页面由同学们在课后自己设计完成。

> 注意　　本项目的实现代码形式并不是只有上述案例形式。采用其他的标记或属性实现同样的效果也是可以的，代码的编写其实很灵活，但越简洁越好。

任务小结

本任务围绕简单学院网站的搭建，介绍了 HTML5 文档的基本结构，以及文本标记、列表标记、超链接标记和图像标记等的使用方法，并综合利用这些标记完成了简单学院网站的搭建。本任务介绍的主要知识点如图 2-28 所示。

```
                                                                          ┌─ <!DOCTYPE html>
                                                                          ├─ <html>…</html>
                                            ┌─ HTML5文档的基本结构 ─────────┼─ <head>…</head>
                                            │                              ├─ <title>…</title>
                                            │                              └─ <body>…</body>
                                            │
                                            │                              ┌─ 标记及标记使用规则
                                            ├─ HTML标记及其属性 ───────────┼─ 属性及属性使用规则
                                            │                              └─ 注释标记
                                            │
                                            │                              ┌─ 标题标记<h1>～<h6>
                                            │                              ├─ 段落标记<p>
                                            │                              ├─ 水平线标记<hr>
    ┌──────────────────────┐               ├─ HTML文本标记 ───────────────┼─ 换行标记<br>
    │  任务2 搭建简单学院网站  │───────────────┤                              ├─ 字体样式标记<strong><em><del><ins>
    └──────────────────────┘               │                              └─ 特殊字符 &copy;等
                                            │
                                            │                              ┌─ 无序列表<ul>
                                            ├─ HTML列表标记 ───────────────┼─ 有序列表<ol>
                                            │                              └─ 自定义列表<dl>
                                            │
                                            ├─ HTML超链接标记 ──── 超链接标记<a>
                                            │
                                            └─ HTML图像标记 ──── 图像标记<img>
```

图2-28　任务2的主要知识点

习题 2

一、单项选择题

1. 网页的主体内容写在哪个标记内部？（　　　　）

　　A．<body>　　　　　B．<head>　　　　　C．<p>　　　　　D．<html>

2. 以下标记中，用于设置页面标题的是（　　　　）。

　　A．<title>　　　　　B．<caption>　　　　　C．<head>　　　　　D．<html>

3. 可以不用发布就能在本地计算机上浏览的页面，使用的编写语言是（　　　　）。

　　A．ASP　　　　　B．HTML　　　　　C．PHP　　　　　D．JSP

4. 以下标记中，没有对应的结束标记的是（　　　　）。

　　A．<body>　　　　　B．
　　　　　C．<html>　　　　　D．<title>

5. <title>和</title>标记必须包含在下述哪对标记中？（　　　　）

　　A．<body>和</body>　　　　　　　　　　B．<table>和</table>

　　C．<head>和</head>　　　　　　　　　　D．<p>和</p>

6. 请选择能产生粗体字的 HTML 标记。（　　　　）

A. \<bold\>　　　　B. \<bb\>　　　　C. \<strong\>　　　　D. \<bld\>

7. 在下列的 HTML 标记中，哪个可以实现换行？（　　　）

　　A. \<br\>　　　　B. \<enter\>　　　　C. \<break\>　　　　D. \<b\>

8. 在下列的 HTML 标记中，哪个表示层级最大的标题？（　　　）

　　A. \<h6\>　　　　B. \<h5\>　　　　C. \<h2\>　　　　D. \<h1\>

9. 用于标识一个段落的 HTML 标记是（　　　）。

　　A. \<b\>和\</b\>　　B. \<br\>和\</br\>　　C. \<p\>和\</p\>　　D. \<li\>和\</li\>

10. 在下列的 HTML 代码中，哪个可以插入图像？（　　　）

　　A. \<img href="image.gif" alt=""\>　　　　B. \<image src="image.gif" alt=""\>

　　C. \<img src="image.gif" alt=""\>　　　　D. \<img\>image.gif\</img\>

11. 建立超链接时，要在新窗口显示网页，需要加入的标记属性是（　　　）。

　　A. target="_blank"　B. border="1"　　C. name="target"　　D. #

12. 包含图像的网页文件，其扩展名应该是（　　　）。

　　A. .jpg　　　　B. .gif　　　　C. .pic　　　　D. .html

二、判断题

1. 网页文件是用一种标记语言书写的，这种语言被称为 HTML，制作一个网站就等于制作一个网页。（　　　）

2. 网站的首页文件通常是 index.html，它必须存放在网站的根目录中。（　　　）

3. HTML5 标记是不区分大小写的，但通常用小写字母。（　　　）

4. 如果文本需要换行，则可以使用换行标记\<br\>。（　　　）

5. \<hr\>标记可以在网页中生成一条水平线，它没有结束标记。（　　　）

6. 标题标记\<h1\>～\<h6\>都有换行的功能。（　　　）

7. 关于网页中图片的大小，可以在 HTML5 代码中直接指定其宽、高，但最好在图像处理软件中事先处理好图像的大小。（　　　）

8. JPG 格式能提供良好的、损失极少的压缩，这种格式可以用于制作透明和多帧的动画。（　　　）

9. 书写图片路径时，尽量使用绝对路径，因为这样更稳定、简洁。（　　　）

10. 在 HTML5 页面中，通过单击锚点链接，用户能够快速定位到目标内容。（　　　）

实训2

一、实训目的

1. 练习常用 HTML5 标记的使用。

2. 学会使用 HTML5 标记创建简单网站。

2-7：实训2
参考步骤

二、实训内容

1. 创建图文混排网页，显示图 2-29 所示的网页内容。网页中的标题文字为"网页设计中色彩的运用"。

图2-29 第1题页面

2. 创建宋词赏析页面，在"宋词赏析"标题下面创建"水调歌头""蝶恋花""念奴娇"3个锚点链接，单击每个锚点链接时页面定位到相应的内容处，如图2-30所示。

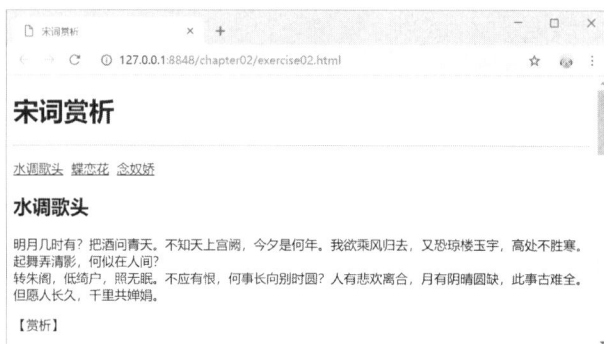

图2-30 第2题页面

3. 创意设计：创建一个个人网站项目，对自己进行全面介绍，要求如下。

（1）包含一个主页面和3个子页面，主页面和子页面可以相互链接。

（2）在主页中创建友情链接，链接到自己喜欢的两个网站。

（3）至少有一个页面包含无序列表。

（4）至少有一个页面包含锚点链接。

（5）在每个页面中合理使用文字、图像等。

三、实训总结

写出常用的 HTML5 标记及其作用。

扩展阅读

HTML5 标准的制定

2014 年 10 月，互联网技术组织 W3C 正式宣布，历时 8 年的 HTML5 标准制定工作全面完成，正式开始面向行业做出推荐。

　　W3C 由万维网之父蒂姆·伯纳斯·李在 1994 年创办，是制定网络标准的权威国际组织。当前互联网广泛使用的 HTML、XHTML、CSS、XML 等的标准均由 W3C 制定。目前，谷歌、雅虎、诺基亚、苹果等知名互联网公司都是 W3C 成员。

　　W3C 是全球 Web 技术的权威技术标准组织，推动了 Web 技术，尤其是 HTML 技术的一代代演进。该组织表示，在过去多年时间里，其联合了全球 60 多家公司，共同完善 HTML5 标准，并解决了 4000 多个 bug。

　　HTML5 代表了新一代的网页应用开发技术，可以提供比"HTML"要强大得多的功能，而在 HTML5 标准并未成型的背景下，各家公司所实施的 HTML5 技术，以及不同浏览器的兼容状况，存在不统一的情况。

　　HTML5 权威标准板上钉钉，有助于开发人员进行网页应用开发。

　　我国的阿里巴巴、腾讯、百度、数字天堂、360、中国移动、中国联通、华为等公司都是 W3C 成员，在 HTML5 工作组里积极发挥作用。可喜的是，随着中国互联网技术的飞速发展，我国在 W3C 中的成员越来越多。我们目前已不只是接受国外的标准，而是参与国际标准的制订，我们国家的科技实力正越来越强。

任务3

美化简单学院网站

03

情景导入

　　李华在学习了任务 2 后，他又提出了新的问题，他感觉任务 2 创建的网站不太好看，比如，网页中的标题和图像在浏览器中没有居中、文字颜色全是黑色，总之，他想让网站更美观，也就是想对网页中的元素进行美化。接下来，我们就和李华一起来学习对简单学院网站进行美化，这就要用到 CSS 这个"美颜利器"了。

学习及素养目标

◎ 理解 CSS 的基本语法；

◎ 掌握 CSS 引入网页的方式；

◎ 掌握常用 CSS 文本属性的用法；

◎ 熟练使用 CSS 文本属性设置样式；

◎ 在美化网页的过程中培养正确的审美观。

3.1 任务描述

对任务 2 中搭建的简单学院网站进行美化，页面浏览效果如图 3-1～图 3-4 所示，具体要求如下。

（1）每个页面的标题在浏览器中居中显示，标题文字为红色或橙色。

（2）图片在浏览器中居中显示。

（3）正文文本首行缩进 2 个字符，行高为 25px。

（4）版权信息在浏览器中居中显示，"返回"超链接在浏览器中居右显示。

图3-1 网站首页

图3-2 学院简介页面

图3-3 学院新闻页面

图3-4 新闻详情页面

3.2 知识准备

CSS 功能强大，能实现比 HTML 更多的网页元素样式，几乎能定义所有的网页元素。现在几乎所有漂亮的网页都使用了 CSS，CSS 已经成为 Web 前端开发必不可少的工具之一。很多网页都使用 CSS 添加了各种酷炫的效果。

3.2.1 什么是 CSS

CSS 即串联样式表，是由 W3C 的 CSS 工作组创建和维护的。它是一种不需要编译、可直接由浏览器执行的样式表语言，用于描述网页的标准格式，它

微课视频

微课 3-1：
美颜利器——
CSS

扩展了 HTML 的功能，使网页设计者能够以更有效的方式设置网页格式。

样式就是格式，网页显示的文字的大小和颜色、图片位置、网页布局等，都是网页显示的样式。串联是指当 HTML 文件引用多个 CSS 样式时，如果 CSS 的定义发生冲突，浏览器就按照 CSS 的样式优先级来应用样式。

CSS 能将样式的定义与 HTML 文件结构分离。对于由几百个网页组成的大型网站来说，要使所有的网页样式风格统一，可以定义一个 CSS 文件，让几百个网页都调用这个文件。如果要修改网页的样式，只需修改 CSS 文件就可以了。CSS 已经从 CSS1 发展到现在的 CSS3，我们现在所学习的就是 CSS3 版本。

3.2.2　引入 CSS 样式

微课视频

微课 3-2：引入 CSS 样式

要想使用 CSS 样式修饰网页，就需要在 HTML 文档中引入 CSS 样式。CSS 主要提供了以下 3 种引入方式。

1. 行内样式

行内样式也称为内联样式，是通过标记的 style 属性设置的元素样式。其基本语法格式如下。

```
<标记 style="属性:属性值; 属性:属性值; ...">内容</标记>
```

> **说明**
>
> （1）该格式中的 style 是标记的属性，实际上，任何 HTML 标记都拥有 style 属性，通过该属性可以设置标记的样式。
>
> （2）引号内的属性指的是 CSS 属性，不同于 HTML 标记的属性。属性和属性值书写时不区分大小写，按照书写习惯一般采用小写字母形式。
>
> （3）引号内的属性和属性值之间用英文状态下的冒号分隔，多个属性之间必须用英文状态下的分号隔开，最后一个属性值后的分号可以省略。
>
> 其中，（2）和（3）对于内部样式表和外部样式表中的样式同样适用。

例 3-1　在 HBuilderX 中新建项目，项目名称为 chapter03，选择模板类型为"基本 HTML 项目"，该项目包含 css、img 和 js 目录，分别用于存放样式表文件、图像文件和脚本文件。在项目内新建网页文件，使用行内样式定义元素样式，文件名为 example01.html，代码如下。

```
<!DOCTYPE html>
<html>
 <head>
    <meta charset="utf-8">
    <title>行内样式</title>
 </head>
 <body>
    <h1 style="text-align:center; color:#F00;">未来信息学院</h1>
 </body>
</html>
```

在例 3-1 的代码中，使用<h1>标记的 style 属性设置标题文字的样式，使标题文字在浏览器中居中显示，文字颜色为红色。其中，"text-align" 和 "color" 都是 CSS 常用的样式属性，在后面的内容中会详细介绍。

浏览网页，效果如图 3-5 所示。

图 3-5 行内样式

> **注意** 由于行内样式将表现和内容混在一起，不符合 Web 标准，所以很少使用。一般在临时修改某个样式规则时使用。

2. 内部样式表

内部样式表也叫内嵌式，是指将所有CSS样式代码写在HTML文档的<head>头部标记中，并用<style>标记定义。其语法格式如下。

```
...
<head>
    <style type="text/css">
        选择器1{属性:属性值; 属性:属性值; ...}      /* 注释内容*/
        选择器2{属性:属性值; 属性:属性值; ...}
        ...
    </style>
</head>
...
```

> **说明** （1）<style>标记一般位于<head>标记中的<title>标记之后。
> （2）选择器用于指定 CSS 样式作用的 HTML 对象，有标记选择器、类选择器和 ID 选择器等。选择器的详细内容会在 3.2.3 节详细介绍。
> （3）/*和*/为 CSS 的注释符号，用于说明该行代码的作用。注释内容不会显示在网页上。

例 3-2 使用内部样式表设置网页内容的样式。在项目 chapter03 中新建一个网页文件，文件名为 example02.html，代码如下。

```
<!DOCTYPE html>
<html>
<head>
    <meta charset="utf-8">
    <title>内部样式表</title>
    <style type="text/css">
        h1 {
            text-align: center;        /* 标题文字居中对齐 */
            color: #F00;               /* 标题文字颜色为红色 */
        }
        p {
            font-size: 16px;           /* 段落文字大小为16px */
            color: #333;               /* 段落文字颜色为深灰色 */
        }
```

```
        </style>
    </head>
    <body>
        <h1>学院简介</h1>
        <p>学院是省人民政府批准设立、教育部备案的省属公办全日制普通高校。学院秉持"以服务发展为宗旨、以
促进就业为导向"的办学方针，遵循"以人为本、德技双馨、产教融合、服务社会"的办学理念，以"建设有特色高水平的
高职院校"为目标，建立了开放创新强校模式，累积了优质的教育资源，形成了良好的育人环境。学院的管理水平、教学质
量、办学特色得到社会各界的广泛肯定。</p>
    </body>
</html>
```

在例 3-2 的代码中，使用内嵌式设置<h1>标记和<p>标记的样式。

浏览网页，效果如图 3-6 所示。

图3-6　内部样式表

> **注意**　内部样式表定义的样式只对其所在的 HTML 页面有效。因此，网站只有一个页面时，使用内部样式表；如果网站有多个页面且多个页面使用相同风格的样式，则应使用外部样式表。

3. 外部样式表

外部样式表是指将所有的 CSS 样式放入一个以.css 为扩展名的外部样式表文件中，通常使用<link>标记将外部样式表文件链接到 HTML 文件中。其语法格式如下。

```
...
<head>
    <link href="外部样式表文件路径" rel="stylesheet" type="text/css">
</head>
...
```

> **说明**
> （1）<link>标记一般位于<head>标记中的<title>标记之后。
> （2）<link>标记中 3 个属性的含义如下。
> ① href：定义所链接的外部样式表文件的 URL。
> ② rel：定义所链接的文件是样式表文件。
> ③ type：定义所链接文档的类型为 text/css，即 CSS 文档。

例 3-3　将例 3-2 实现的效果用外部样式表实现。在项目 chapter03 中新建一个网页文件，文件名为 example03.html，操作步骤如下。

（1）创建 HTML 文档。输入如下代码。

```
<!DOCTYPE html>
```

```
<html>
<head>
    <meta charset="utf-8">
    <title>链接外部样式表</title>
</head>
<body>
    <h1>学院简介</h1>
    <p>学院是省人民政府批准设立、教育部备案的省属公办全日制普通高校。学院秉持"以服务发展为宗旨、以
促进就业为导向"的办学方针，遵循"以人为本、德技双馨、产教融合、服务社会"的办学理念，以"建设有特色高水平的
高职院校"为目标，建立了开放创新强校模式，累积了优质的教育资源，形成了良好的育人环境。学院的管理水平、教学质
量、办学特色得到社会各界的广泛肯定。</p>
</body>
</html>
```

（2）创建外部样式表文件。在项目 chapter03 中的"css"目录上右击，选择"新建"|"css 文件"选项，在"新建 css 文件"对话框中输入文件名称"style.css"，单击"创建"按钮，如图 3-7 所示。

（3）在图 3-8 所示的 CSS 文档编辑窗口中输入 CSS 样式代码，style.css 文件中的代码如下。

```
h1{
    text-align:center;        /* 标题文字居中对齐 */
    color:#F00;               /* 标题文字颜色为红色 */
}
p{
    font-size:16px;           /* 段落文字大小为16px */
    color:#333;               /* 段落文字颜色为深灰色 */
}
```

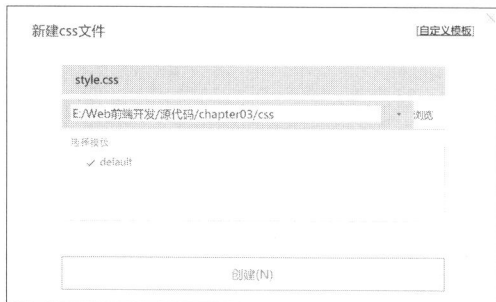

图3-7　"新建css文件"对话框

图3-8　CSS文档编辑窗口

（4）链接 CSS 外部样式表。在例 3-3 的 example03.html 的<title>标记后添加<link>，代码如下。

```
<link href="css/style.css" rel="stylesheet" type="text/css">
```

重新保存 example03.html 文档，浏览网页，效果如图 3-9 所示。可以看出，网页浏览效果和使用内部样式表的效果是一样的。

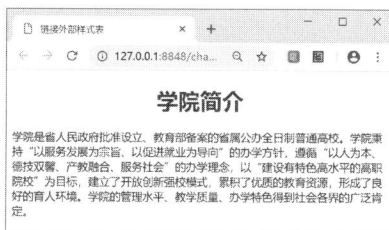

图3-9　外部样式表

> **注意**　　使用外部样式表的最大好处是同一个外部样式表可以被多个 HTML 页面链接使用。因此在实际制作网站时一般都使用该方式。该方式实现了将网页的结构与表现分离，使得网页的前期制作和后期维护都十分方便。

此外，外部样式表文件还可以使用@import 语句以导入式与 HTML 网页文件进行关联。但导入式会带来不好的用户体验，因此最好使用<link>标记链接外部样式表来美化网页。

3.2.3　CSS 常用选择器

微课视频

微课 3-3：
CSS 常用选择器

书写 CSS 样式代码时要用到选择器。选择器用于指定 CSS 样式作用的 HTML 对象。下面介绍 CSS 常用选择器。

1. 标记选择器

标记选择器是指用 HTML 标记名称作为选择器，为页面中的该类标记指定统一的 CSS 样式。其语法格式如下。

```
标记名称{属性:属性值; 属性:属性值; ...}
```

> **说明**　　所有的 HTML 标记都可以作为标记选择器，如<body>、<h1>～<h6>、<p>、<ul>、<li>、<strong>等。标记选择器定义的样式能自动应用到网页中的相应元素上。

例如，使用 p 选择器定义 HTML 页面中所有段落的样式，代码如下。

```
p{
    font-size:12px;            /* 设置文字大小 */
    color:#666;                /* 设置文字颜色 */
    font-family:"微软雅黑";     /* 设置字体 */
}
```

有一定基础的 Web 设计人员可以将上述代码改写成如下格式，其作用完全一样。

```
p{font-size:12px;color:#666;font-family:"微软雅黑";}
```

> **注意**　　标记选择器最大的优点是能快速统一页面中同类型标记的样式，但这也是它的缺点，因为它不能设计差异化样式。

2. 类选择器

类选择器以 "." 开始，其后接类名称。类选择器指定的样式可以被网页上的多个标记元素选用。其语法格式如下。

```
.类名称{属性:属性值; 属性:属性值;...}
```

> **说明**　　（1）使用类选择器定义的 CSS 样式，需要设置元素的 class 属性值为其指定样式来实现。
> （2）类选择器的最大优势是可以为元素定义相同或单独的样式。

例 3-4 在项目 chapter03 中新建一个网页文件，使用类选择器定义网页元素的样式，文件名为 example04.html，代码如下。

```
<!DOCTYPE html>
<html>
 <head>
     <meta charset="utf-8">
     <title>类选择器</title>
     <style type="text/css">
         .text {
             font-size: 16px;
             color: #00F;
             font-family: "微软雅黑";          /* 设置字体 */
             font-weight: normal;            /* 设置文本不加粗 */
         }
     </style>
 </head>
 <body>
     <h1>真正的富有，是你脸上的笑容。</h1>
     <h2 class="text">真正的富有，是你脸上的笑容。</h2>
     <p class="text">真正的富有，是你脸上的笑容。</p>
     <p>真正的富有，是你脸上的笑容。</p>
 </body>
</html>
```

上述代码中定义了类选择器 .text 的样式，并对网页内容中的<h2>和<p>标记应用了该样式，使<h2>和<p>标记中的文字样式相同。

浏览网页，效果如图 3-10 所示。

注意

（1）多个标记可以使用同一个类名，实现不同的标记使用相同的样式。

（2）类名的第一个字符不能使用数字，并且严格区分大小写，一般采用小写英文字母表示。

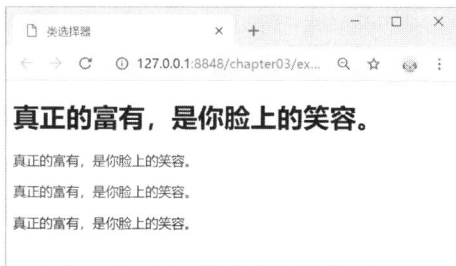

图3-10 使用类选择器

3. ID 选择器

ID 选择器用于对某个元素定义单独的样式。ID 选择器以"#"开始。其语法格式如下。

```
#ID 名称{属性:属性值; 属性:属性值;...}
```

说明

（1）ID 名称即 HTML 元素的 id 属性值，ID 名称在一个文档中是唯一的，只对应于页面中的某一个具体元素。

（2）ID 选择器定义的样式能自动应用到网页中的某一个元素上。

例 3-5　在项目 chapter03 中新建一个网页文件，使用 ID 选择器定义网页元素的样式，文件名为 example05.html，代码如下。

```
<!DOCTYPE html>
<html>
 <head>
     <meta charset="utf-8">
     <title>ID选择器</title>
     <style type="text/css">
         #p1 {
             color: red;              /* 文字颜色 */
             font-size: 18px;         /* 文字大小 */
         }
         #p2 {
             color: green;
             font-size: 24px;
         }
     </style>
 </head>
 <body>
     <p id="p1">有梦想谁都了不起</p>
     <p id="p2">有勇气就会有奇迹</p>
 </body>
</html>
```

例 3-5 在网页中定义了 id 为 p1 和 p2 的 p 元素，通过选择器#p1 和#p2 分别为其设置不同的样式。

浏览网页，效果如图 3-11 所示。

图3-11　使用ID选择器

4．交集选择器

交集选择器表示两个选择器的交集，它由两个选择器构成，一个是标记选择器，另一个是类选择器，表示两者各自元素范围的交集。两个选择器之间不能有空格。其语法格式如下。

```
标记名称.类名称{属性:属性值; 属性:属性值;...}
```

例 3-6　在项目 chapter03 中新建一个网页文件，使用交集选择器定义网页元素的样式，文件名为 example06.html，代码如下。

```
<!DOCTYPE html>
<html>
 <head>
     <meta charset="utf-8">
     <title>交集选择器</title>
     <style type="text/css">
```

```
        p {
            color: red;
        }
                .special {
                        color: green;
        }
        p.special {                        /* 交集选择器 */
            font-size: 40px;
        }
    </style>
</head>
<body>
    <p>没有伞的孩子必须努力奔跑</p>
    <h2>没有伞的孩子必须努力奔跑</h2>
    <p class="special">没有伞的孩子必须努力奔跑</p>
    <h2 class="special">没有伞的孩子必须努力奔跑</h2>
</body>
</html>
```

> 文本显示为绿色、40px

在例 3-6 中定义了<p>标记的样式，也定义了.special 类选择器样式，此外还单独定义了 p.special，用于特殊的控制。p.special 定义的样式仅适用于 "<p class="special">没有伞的孩子必须努力奔跑</p>" 这一行文本，而不会影响使用了.special 类选择器样式的<h2>标记定义的文本。

浏览网页，效果如图 3-12 所示。

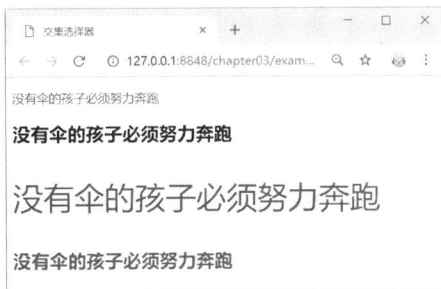

图3-12　使用交集选择器

> **注意**　交集选择器是为了简化样式表代码的编写而采用的选择器。初学者如果不能熟练应用此选择器，则可以创建一个类选择器来代替交集选择器。

5. 并集选择器

并集选择器由多个选择器通过逗号连接而成，任何形式的选择器（标记选择器、类选择器、ID 选择器等）都可以作为并集选择器的一部分。如果某些选择器定义的样式完全相同或部分相同，就可以利用并集选择器为它们定义相同的 CSS 样式。

并集选择器的语法格式如下。

选择器1，选择器2，…{属性：属性值；属性：属性值；…}

例 3-7　在项目 chapter03 中新建一个网页文件，页面中有 2 个标题和 4 个段落，设置样式使它们的字号和颜色都相同，文件名为 example07.html，代码如下。

```
<!DOCTYPE html>
<html>
<head>
    <meta charset="utf-8">
    <title>并集选择器</title>
    <style type="text/css">
        h1,h2,p {                    /* 并集选择器 */
            font-size: 24px;
            color: green;
        }
    </style>
</head>
<body>
    <h1>劝学</h1>
    <h2>唐 颜真卿</h2>
    <p>三更灯火五更鸡，</p>
    <p>正是男儿读书时。</p>
    <p>黑发不知勤学早，</p>
    <p>白首方悔读书迟。</p>
</body>
</html>
```

浏览网页，效果如图 3-13 所示。

由图 3-13 可以看出，使用并集选择器后，所有标题文字和段落文字的颜色和字号是相同的，只是标题文字自动加粗。

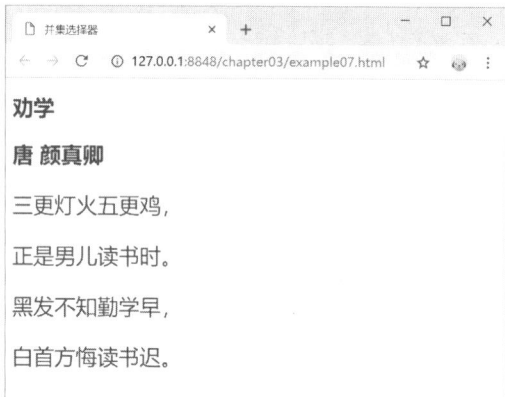

图3-13　使用并集选择器

> **注意**　使用并集选择器定义样式与各个选择器分别定义样式的作用相同，但并集选择器的样式代码更简洁。

6. 后代选择器

后代选择器也叫包含选择器，用于控制容器对象中的子对象，使其他容器对象中的同名子对象不受影响。书写后代选择器时将容器对象写在前面，子对象写在后面，中间用空格分隔。若容器对象有多层，则分层依次书写。

后代选择器的语法格式如下。

```
选择器1  选择器2 {属性: 属性值;  属性: 属性值; ...}
```

例 3-8　在项目 chapter03 中新建一个网页文件，使用后代选择器控制页面元素的样式，文件名为 example08.html，代码如下。

```html
<!DOCTYPE html>
<html>
<head>
    <meta charset="utf-8">
    <title>后代选择器</title>
    <style type="text/css">
        p strong {                      /* 后代选择器 */
            font-size: 24px;
            color: red;
        }
        strong {
            color: blue;
        }
    </style>
</head>
<body>
    <p>从绝望中寻找希望，<strong>人生终将辉煌</strong>。</p><!-- strong 中的文字显示红色 -->
    <strong>俞敏洪</strong><!-- 显示蓝色文字 -->
</body>
</html>
```

浏览网页，效果如图 3-14 所示。

由图 3-14 可以看出，后代选择器 p strong 定义的样式仅适用于嵌套在<p>标记中的<strong>标记定义的文本，其他<strong>标记定义的文本不受影响。

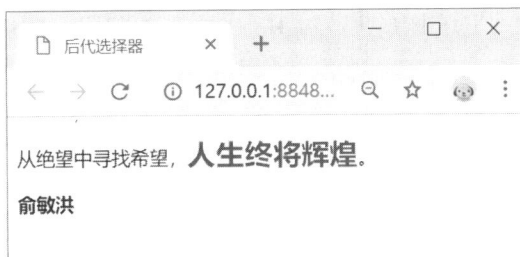

图3-14　使用后代选择器

7. 通配符选择器

通配符选择器用"*"表示，它是所有选择器中作用范围最广的，能匹配页面中的所有元素。其语法格式如下。

```
*{属性:属性值; 属性:属性值;...}
```

例如，设置页面中所有元素的外边距和内边距属性的代码如下。

```
*{margin:0; padding:0;}
```

> **注意**　在实际网页开发中不建议使用通配符选择器，因为它设置的样式对所有 HTML 标记都生效，而不管标记是否需要该样式，这样反而降低了代码的执行速度。

3.2.4 CSS 常用文本属性

在任务 2 中介绍了常用的 HTML 文本标记。为了更好地控制文本标记显示的样式，CSS 提供了相应的文本属性。

CSS 常用文本属性如表 3-1 所示。

表3-1　　　　　　　　　　　　　　　CSS常用文本属性

属性	说明
font-family	设置字体
font-size	设置字号
font-weight	设置字体的粗细
font-style	设置字体的风格
text-decoration	设置文本是否添加下画线、删除线等
color	设置文本的颜色
text-align	设置文本的水平对齐方式
text-indent	设置文本的首行缩进
line-height	设置行高
text-shadow	设置文本的阴影效果，是 CSS3 新增属性

下面详细介绍表 3-1 中的每个属性。

1. font-family

font-family 属性用于设置字体。网页中常用的字体有宋体、微软雅黑、黑体等，代码如下。

```
p{ font-family:"微软雅黑";}
```

可以同时指定多个字体，中间以逗号隔开，表示浏览器如果不支持第一种字体，则尝试下一种字体，直到找到合适的字体，代码如下。

```
body{font-family:"华文彩云","宋体","黑体";}
```

应用上面的字体样式时，首选华文彩云；如果用户计算机中没有安装该字体，则选择宋体；如果也没有安装宋体，则选择黑体。当指定的字体都没有安装时，则使用浏览器默认字体。

> **注意**
>
> （1）各种字体之间必须使用英文状态下的逗号隔开。
>
> （2）中文字体需要加英文状态下的引号，英文字体一般不需要加引号。当需要设置英文字体时，英文字体名必须位于中文字体名之前。
>
> （3）如果字体名中包含空格、#、$等符号，则该字体必须加英文状态下的单引号或双引号，代码如下。
>
> ```
> p{font-family: "Times New Roman";}
> ```
>
> （4）尽量使用系统默认字体，以保证文本在任何用户的浏览器中都能正确显示。

2. font-size

font-size 属性用于设置字号，一般以 px 为单位，代码如下。

```
p{font-size:12px;}
```

> **注意**　　较适合网页正文的字号一般为 12px。对于标题或其他需要强调的文本可以适当设置较大的字号。页脚和辅助信息可以用小一些的字号。

3. font-weight

font-weight 属性用于设置字体的粗细。常用的属性值为 normal 和 bold，表示字体正常或加粗显示，代码如下。

```
p{font-weight:bold;}            /* 设置段落文本为粗体显示 */
h2{font-weight:normal;}         /* 设置标题文本为正常显示 */
```

4. font-style

font-style 属性用于设置字体的风格，如设置斜体、倾斜或正常字体，其可用属性值如下。

（1）normal：默认值，浏览器会显示标准的字体样式。

（2）italic：浏览器会显示斜体样式。

（3）oblique：浏览器会显示倾斜的字体样式。

代码如下。

```
p{font-style:italic;}           /* 设置段落文本为斜体显示 */
h2{font-style:oblique;}         /* 设置标题文本以倾斜的字体样式显示 */
```

> **注意**　　italic 和 oblique 都表示向右倾斜的文字，但区别在于 italic 是指斜体字，而 oblique 是指倾斜的文字，对于没有斜体的字体应该使用 oblique 属性值来实现倾斜的文字效果。

5. text-decoration

text-decoration 属性用于设置文本的下画线、上画线、删除线等装饰效果，其可用属性值如下。

（1）none：没有装饰（正常文本，默认值）。

（2）underline：下画线。

（3）overline：上画线。

（4）line-through：删除线。

代码如下。

```
a{text-decoration:none;}             /* 设置超链接文字不显示下画线 */
a:hover{ text-decoration:underline;} /* 设置鼠标指针悬停在超链接文字上时显示下画线 */
```

6. color

color 属性用于设置文本的颜色，常用的表示颜色的方式有以下 4 种。

（1）预定义的颜色值表示，有 black、olive、teal、red、green、blue、maroon、navy、gray、lime、fuchsia、white、purple、silver、yellow、aqua 等。

（2）十六进制数表示。采用#RRGGBB 形式的十六进制数，RR 表示红色的分量值，GG 表示绿色的分量值，BB 表示蓝色的分量值，每组分量值的取值范围为 00～FF，如#FF0000、#FF6600、#29D794 等。十六进制数是最常用的定义颜色的方式。如果每组十六进制数的两位数相同，则可以每组用一位数表示。例如，#FF0000 可以表示为#F00。

（3）rgb()函数表示。例如，红色可以表示为 rgb(255,0,0)或 rgb(100%,0%,0%)。

例如，下面的 3 行代码都设置标题颜色为红色。

```
h1{color:#f00;}
h2{color:red;}
h3{color:rgb(255,0,0);}
```

（4）rgba()函数表示。rgba()函数在 rgb()函数的基础上增加了控制不透明度的参数，不透明度的取值为 0～1。例如，h3{color:rgba(255,0,0,0.5);}表示 h3 标题文字采用半透明的红色。

7. text-align

text-align 属性用于设置文本内容的水平对齐方式。其可用属性值如下。

（1）left：左对齐（默认值）。

（2）right：右对齐。

（3）center：居中对齐。

（4）justify：两端对齐。

代码如下。

```
h1{text-align:center;}          /* 设置标题文字居中对齐 */
```

8. text-indent

text-indent 属性用于设置文本的首行缩进，其属性值可为不同单位的数值，一般建议使用 em（1em 等于一个中文字符的宽度）作为单位，代码如下。

```
p{text-indent:2em;}             /* 设置段落文字首行缩进 2 个中文字符 */
```

9. line-height

段落中两行文字之间的垂直距离称为行高。在 HTML 中是无法控制行高的，但在 CSS 样式中，可以使用 line-height 属性控制行高，其属性值一般以 px 为单位，代码如下。

```
p{ line-height:25px;}           /* 设置行高为 25px */
```

10. text-shadow

该属性用于设置文本的阴影效果，其常用语法格式如下。

```
选择器{text-shadow:水平阴影距离 垂直阴影距离 模糊半径 阴影颜色;}
```

> **说明**   阴影距离表示阴影大小，即指定阴影相对文字的偏移量，阴影距离可以是正值，也可以是负值，正负值表示阴影的方向不同。模糊半径表示阴影的模糊程度，模糊程度越大则表示阴影越淡。

例 3-9 在项目 chapter03 中新建一个网页文件，给文字设置阴影效果，文件名为

example9.html，代码如下。

```
<!DOCTYPE html>
<html>
<head>
    <meta charset="utf-8">
    <title>text-shadow 属性</title>
    <style type="text/css">
        p {
            font-family: "微软雅黑";
            font-size: 24px;
        }
        .yy1 {
            text-shadow: 3px 3px 3px #666;        /* 给文字添加阴影，阴影在文字的右下方 */
        }
        .yy2 {
            text-shadow: -3px -3px 3px #666;       /* 给文字添加阴影，阴影在文字的左上方 */
        }
    </style>
</head>
<body>
    <p class="yy1">昨夜星辰昨夜风，画楼西畔桂堂东。</p>
    <p class="yy2">身无彩凤双飞翼，心有灵犀一点通。</p>
</body>
</html>
```

浏览网页，效果如图 3-15 所示。

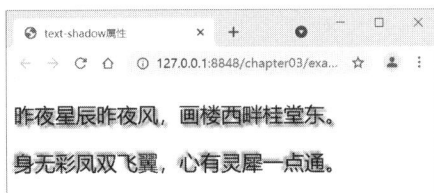

图3-15 设置文字阴影效果

3.2.5 CSS 的高级特性

CSS 的层叠性和继承性是其基本特性，Web 前端开发工程师应该深刻理解和灵活运用这两种特性。另外，当对元素定义了多个样式规则时，其样式应用的优先级也遵循一定的规则，下面分别进行介绍。

1. 层叠性

层叠性是指多种 CSS 样式的叠加。例如，当使用内部样式表定义<p>标记的字号为 12px，使用外部样式表定义<p>标记的文字颜色为红色时，段落文本将显示为 12px、红色，即这两种样式产生了叠加。

例 3-10 在项目 chapter03 中新建一个网页文件，在页面中添加 3 行文字并设置样式，文件名为 example10.html，代码如下。

```
<!DOCTYPE html>
<html>
<head>
```

微课视频

微课 3-5：CSS 的高级特性

```
    <meta charset="utf-8">
    <title>CSS 层叠性</title>
    <style type="text/css">
        p {
            font-size: 12px;
            font-family: "微软雅黑";
        }
        .special {
            font-size: 24px;
        }
        #one {
            color: red;
        }
    </style>
</head>
<body>
    <p class="special" id="one">知识改变命运</p>
    <p>知识改变命运</p>
    <p>知识改变命运</p>
</body>
</html>
```

> 文本显示为微软雅黑、24px、红色

浏览网页，效果如图 3-16 所示。

从图 3-16 可以看出，第一行文本同时应用了标记选择器 p 定义的样式、类选择器.special 定义的样式和 ID 选择器#one 定义的样式，显示为微软雅黑、24px 和红色，即 3 个选择器定义的样式进行了叠加。

图3-16　CSS层叠性

> **注意**　　这里第一行文本的字号显示为 24px，这是因为类选择器的优先级高于标记选择器的优先级。

2. 继承性

继承性是指使用 CSS 样式时，子标记会继承父标记的某些样式，如文本颜色和字号等。例如，定义页面主体标记<body>的文本颜色为黑色，那么页面中所有的文本都将显示为黑色，这是因为其他标记都是<body>标记的子标记。

恰当使用继承可以简化代码，降低 CSS 样式的复杂性。但是，如果网页中的所有元素都大量继承样式，判断样式的来源就会很困难，字体、文本属性等网页中通用的样式可以使用继承。例如，字体、字号和颜色等可以在 body 元素中统一设置，然后通过继承影响文档中的所有文本。

　　并不是所有的 CSS 属性都可以继承，比如边框属性、外边距属性、内边距属性、背景属性、定位属性、布局属性、元素宽高属性等都不能继承。

> **注意**　　当为 body 元素设置字号属性时，标题文本不会采用这个字号，因为标题标记<h1>~<h6>有默认的字号。

3. 优先级

　　定义 CSS 样式时，经常出现两个或更多规则应用在同一元素上的情形，这时可能会出现优先级问题。通常，对同一个元素应用选择器样式的优先级是 ID 选择器>类选择器>标记选择器。下面举例说明。

　　例 3-11　在项目 chapter03 中新建一个网页文件，在页面中添加一行文字并设置样式，文件名为 example11.html，代码如下。

```
<!DOCTYPE html>
<html>
<head>
    <meta charset="utf-8">
    <title>CSS 优先级</title>
    <style type="text/css">
        p {
            color: green;
        }
        .blue {
            color: blue;
        }
        #p1 {
            color: red;
        }
    </style>
</head>
<body>
    <p id="p1" class="blue">我显示什么颜色呢？</p>
</body>
</html>
```

（文本显示为红色）

　　浏览网页，效果如图 3-17 所示。

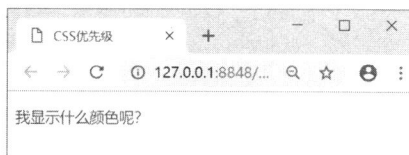

图3-17　CSS优先级

　　可以看到，文字使用 ID 选择器#p1 定义的样式，即显示为红色。

　　另外，若对同一个元素在行内样式、内部样式表、外部样式表中都定义了相同的样式，则此时的优先级为行内样式>内部样式表>外部样式表，也就是越接近目标元素的样式，优先级越高，即就近原则，同学们可自行练习。

3.3 任务实现

本节在前面学习 CSS 内容的基础上，综合使用 CSS 属性对简单学院网站进行美化。

将任务 2 创建的简单学院网站项目 school 复制一份，放入 chapter03 目录中，在 HBuilderX 中打开 school 目录，依次给每个页面添加 CSS 样式。

微课视频

微课 3-6：
任务实现

3.3.1 美化网站首页

下面为首页中的元素定义 CSS 样式，包括定义页面文字使用的字体、字号及颜色，定义元素的对齐方式等。

1. 样式分析

分析图 3-1 所示的网站首页，可以为 body 元素统一设置字体、字号及颜色等样式，标题、段落文字的对齐方式等分别设置。

2. 定义 CSS 样式

在<head>标记中添加内部样式表，定义网页中各元素的样式，网页完整代码如下。

```
<!DOCTYPE html>
<html>
<head>
    <meta charset="utf-8">
    <title>未来信息学院</title>
    <style type="text/css">
        body {
            font-family: "微软雅黑";        /* 设置字体 */
            font-size: 14px;              /* 设置网页中除标题外的文字大小 */
            color: #333;                  /* 设置网页中文字的颜色 */
        }
        h2 {                              /* 设置标题的文字颜色和对齐方式 */
            color: #F00;
            text-align: center;
        }
        p {                               /* 设置段落的样式 */
            text-align: center;
        }
    </style>
</head>
<body>
    <h2>欢迎来到未来信息学院</h2>
    <hr>
    <p><a href="intr.html">学院简介</a><br>
        <a href="news.html">学院新闻</a><br>
        <a href="spe.html">专业介绍</a><br>
```

```
            <a href="rec.html">招生就业</a>
        </p>
        <p><img src="images/school1.jpg" width="400" alt="学院鸟瞰图" title="学院鸟瞰图">
</p>
        <p>友情链接: <a href="https://www.baidu.com" target="_blank">百度</a>  
<a href="https://www.sdcit.edu.cn" target="_blank">学院官网</a><br>
        <hr>
        <p>版权所有&copy;未来信息学院</p>
    </body>
</html>
```

浏览网页，效果如图 3-1 所示。

3.3.2　美化学院简介页面

下面为学院简介页面中的元素定义 CSS 样式，包括定义页面文字使用的字体、字号及颜色，定义元素的对齐方式等。

1. 样式分析

分析图 3-2 所示的学院简介页面，可以为 body 元素统一设置字体、字号及颜色等样式，标题、段落和版权信息等的样式分别设置。

2. 定义 CSS 样式

在<head>标记中添加内部样式表，定义网页中各元素的样式，网页完整代码如下。

```
<!DOCTYPE html>
<html>
<head>
    <meta charset="utf-8">
    <title>学院简介</title>
    <style type="text/css">
        body {
            font-family: "微软雅黑";            /* 设置字体 */
            font-size: 14px;                   /* 设置网页中除标题外的文字大小 */
            color: #333;                       /* 设置网页中文字的颜色 */
        }
        h2 {                                   /* 设置标题样式 */
            color: #F00;
            text-align: center;
        }
        .text1 {                               /* 设置正文样式 */
            text-indent: 2em;
            line-height: 25px;
        }
        .text2 {                               /* 设置版权信息样式 */
            text-align: center;
        }
        .text3 {                               /* 设置超链接样式 */
            text-align: right;
        }
    </style>
</head>
<body>
```

```
    <h2>学院简介</h2>
    <hr>
    <p class="text1">未来信息学院是省人民政府批准设立、教育部备案的公办省属普通高等学校，学校秉持
"以服务发展为宗旨，以促进就业为导向"的办学方针，遵循"以人为本、德技双馨、产教融合、服务社会"的办学理念，
以"建设有特色高水平高职院校"为目标，建立了开放创新强校模式，累积了优质的教育资源，形成了良好的育人环境。学
校的管理水平、教学质量、办学特色得到社会各界的广泛肯定。</p>
    <p class="text1">学校是教育部批准的"国家示范性软件职业技术学院"首批建设单位，部队士官人才培
养定点院校，"3+2"对口贯通分段培养本科招生试点院校，示范性高职单独招生试点院校；是国家首批"电子信息产业高
技能人才培训基地""省级服务外包人才培训基地""省级劳务外派培训基地""省信息安全培训中心"；荣获"全国信息产业
系统先进集体""职业教育先进集体""德育工作优秀高校"等称号。</p>
    <hr>
    <p class="text2">版权所有&copy;未来信息学院</p>
    <p class="text3"><a href="index.html">返回</a></p>
</body>
</html>
```

浏览网页，效果如图 3-2 所示。

3.3.3 美化学院新闻页面

下面为学院新闻页面中的元素定义 CSS 样式，包括定义页面文字使用的字体、字号及颜色，定义无序列表元素等的样式。

1. 样式分析

分析图 3-3 所示的学院新闻页面，可以为 body 元素统一设置字体、字号及颜色等样式，标题、列表项和版权信息等的样式分别设置。

2. 定义 CSS 样式

在<head>标记中添加内部样式表，定义网页中各元素的样式，网页完整代码如下。

```
<!DOCTYPE html>
<html>
<head>
    <meta charset="utf-8">
    <title>学院新闻</title>
    <style type="text/css">
        body {
            font-family: "微软雅黑";
            font-size: 14px;
            color: #333;
        }
        h2 {                            /* 设置标题样式 */
            color: #F00;
            text-align: center;
        }
        li {                            /* 设置列表项的样式 */
            line-height: 25px;          /* 行高 */
        }
        .text1 {                        /* 设置版权信息样式 */
            text-align: center;
        }
        .text2 {                        /* 设置超链接样式 */
            text-align: right;
```

```
                }
            </style>
    </head>
    <body>
        <h2>学院新闻</h2>
        <hr>
        <ul>
            <li><a href="news1.html" target="_blank">学校联合发起成立软件行业产教联盟
(2021-04-09)</a></li>
            <li><a href="#" target="_blank">学校"四个推进"掀起党史学习教育热潮(2021-04-08)
</a></li>
            <li><a href="#" target="_blank">学校召开 2021 年度体育工作会议(2021-04-02 )</a>
</li>
            <li><a href="#" target="_blank">我校举行"铭记历史 缅怀先烈"清明节祭扫先烈活动
(2021-04-01)</a></li>
            <li><a href="#" target="_blank">中国工业互联网研究院来我校交流访问(2021-03-30)
</a></li>
            <li><a href="#" target="_blank">学校召开党务干部业务培训会议(2021-03-30)</a>
</li>
            <li><a href="#" target="_blank">我校举行示范课建设专题讲座(2021-03-30)</a></li>
        </ul>
        <hr>
        <p class="text1">版权所有&copy;未来信息学院</p>
        <p class="text2"><a href="index.html">返回</a></p>
    </body>
    </html>
```

浏览网页，效果如图 3-3 所示。

3.3.4　美化新闻详情页面

下面为新闻详情页面中的元素定义 CSS 样式，包括定义页面文字使用的字体、字号及颜色，定义段落文字的样式，定义图像元素的对齐方式等。

1. 样式分析

分析图 3-4 所示的新闻详情页面，可以为 body 元素统一设置字体、字号及颜色等样式，标题、副标题、正文和版权信息等的样式需要分别设置。

2. 定义 CSS 样式

在<head>标记中添加内部样式表，定义网页中各元素的样式，网页完整代码如下。

```
<!DOCTYPE html>
<html>
<head>
    <meta charset="utf-8">
    <title>学校联合发起成立软件行业产教联盟</title>
    <style type="text/css">
        body {
            font-family: "微软雅黑";
            font-size: 14px;
            color: #000;
        }
        h2 {                                /* 设置标题样式 */
            color: #FF7200;
```

```
                text-align: center;
        }
        h4 {                                  /* 设置副标题样式 */
                font-size: 12px;
                color: #666;
                font-weight: normal;          /* 设置文字为非粗体 */
                text-align: center;
        }
        .text1 {                              /* 设置正文样式 */
                color: #666;
                text-indent: 2em;             /* 设置首行缩进 2 个字符 */
                line-height: 25px;            /* 设置行高 */
        }
        .text2 {                              /* 设置图片和版权信息段落的样式 */
                text-align: center;
        }
        .text3 {                              /* 设置超链接样式 */
                text-align: right;
        }
    </style>
</head>
<body>
        <h2>学校联合发起成立软件行业产教联盟</h2>
        <h4>撰稿人：软件与大数据系 时间：2021-04-09 20:33:17 浏览次数：181 次</h4>
        <hr>
        <p class="text1">4 月 9 日，软件行业产教联盟成立大会在省城举行，会上举行了省优秀软件企业和优秀
软件产品颁奖仪式，主题演讲活动于同日举办。</p>
        <p class="text1">软件行业产教联盟是在省工业和信息化厅指导下，由我校和浪潮集团、省软件行业协会
联合发起成立的，联盟有企业会员 196 家、高校会员 55 所。我校任联盟副理事长单位。</p>
        <p class="text2"><img src="images/lianmeng.jpg" width="400" alt="成立现场"></p>
        <hr>
        <p class="text2">版权所有&copy;未来信息学院</p>
        <p class="text3"><a href="index.html">返回</a></p>
 </body>
 </html>
```

浏览网页，效果如图 3-4 所示。

> **注意**
>
> （1）在上述一系列代码中，body、h2 和 p 等标记选择器的样式会自动应用到网页中；.text1、.text2 等类选择器的样式需要在元素中使用 class 属性来应用。
>
> （2）网页中有图像时，为了使图像在网页中居中显示，一般将其放入段落中，设置段落居中显示。
>
> （3）上述代码中对页面的美化，也可以使用外部样式表实现，请同学们自行尝试。这里使用内部样式表是为了让同学们熟练掌握样式表代码的编写。

任务小结

本任务围绕简单学院网站页面的美化，介绍了 CSS 在网页中的使用方式。本任务介绍的主要知识点如图 3-18 所示。

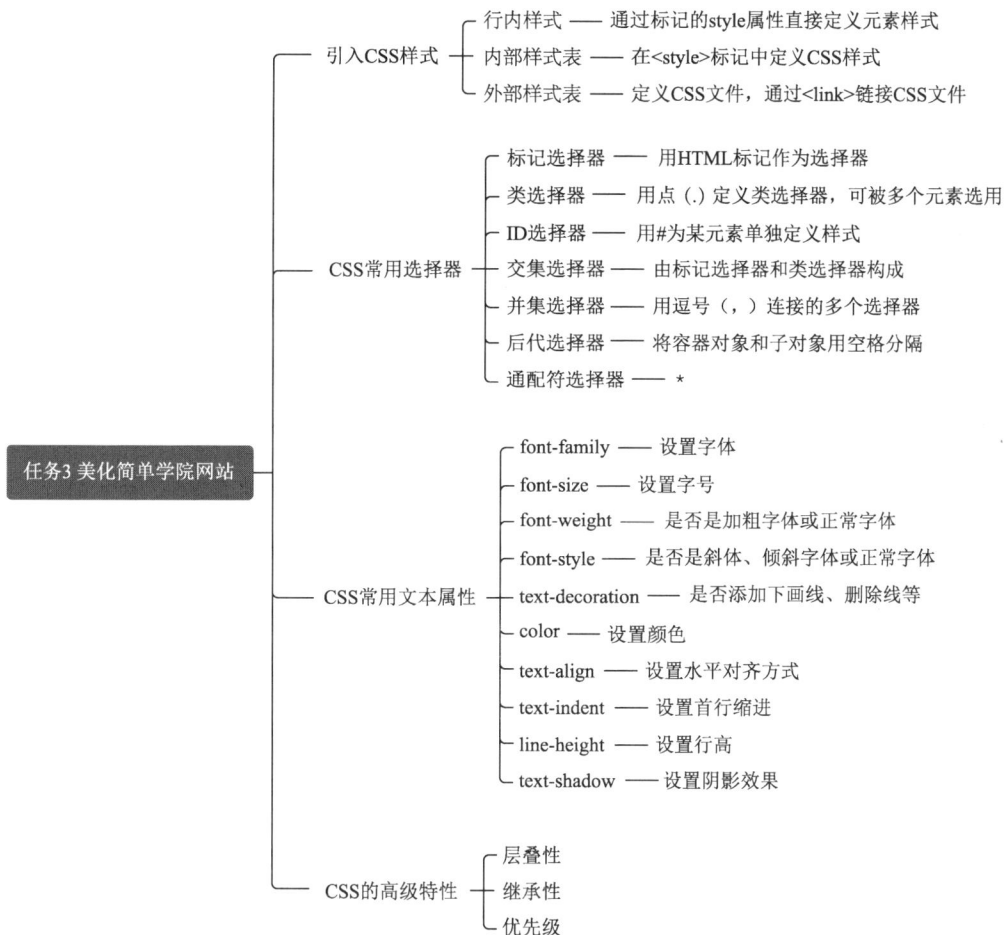

图3-18　任务3的主要知识点

习题 3

一、单项选择题

1. 如何为所有的<h1>元素添加背景颜色？（　　　）

　　A．h1.all {background-color:#FFFFFF}　　　B．h1 {background-color:#FFFFFF}

　　C．all.h1 {background-color:#FFFFFF}　　　D．h1.{background-color:#FFFFFF}

2. 外部样式表的最大优势在于（　　　）。

　　A．CSS 代码与 HTML 代码完全分离　　　B．CSS 代码写在<head>与</head>之间

　　C．直接对 HTML 的标记使用 style 属性　　　D．采用 import 方式导入样式表

3. 下面不属于 CSS 样式的引入方式的是（　　　）。

　　A．索引式　　　　B．行内样式　　　　C．内部样式表　　　　D．外部样式表

4. 在 HTML 文档中，引用外部样式表的正确位置是（　　　）。

　　A．文档的末尾　　　B．文档的顶部　　　C．<body> 部分　　　D．<head> 部分

5. 下列哪个选项的 CSS 语法是正确的？（　　　）

　　A．body:color=black　　　　　　　　　B．{body:color=black(body}

C. body {color: black}　　　　　　　　　D. {body;color:black}

6. 下列哪个 CSS 属性可设置字号？（　　　）

A. font-size　　　　B. text-style　　　　C. font-style　　　　D. text-size

7. 在以下的 CSS 代码中，可使所有 p 元素变为粗体的正确语法是（　　　）。

A. <p style="font-size:bold">　　　　　B. <p style="text-size:bold">

C. p {font-weight:bold}　　　　　　　　D. p {text-size:bold}

8. 以下哪个选项可以改变元素的字体？（　　　）

A. font=　　　　B. f:　　　　C. font-family:　　　　D. font

9. 以下哪个选项可以使文本变为粗体？（　　　）

A. font:b　　　　B. font-weight:bold　　　　C. style:bold　　　　D. b

10. 下面说法错误的是（　　　）。

A. CSS 样式可以将格式和结构分离

B. CSS 样式可以控制页面的布局

C. CSS 样式可以使许多网页同时更新

D. CSS 样式不能制作文件更小、下载更快的网页

二、判断题

1. 在编写 CSS 代码时，为了提高代码的可读性，通常需要加 CSS 注释语句。（　　　）

2. 内部样式表是指将 CSS 代码集中写在 HTML 文档的<head>标记中，并且用<style>标记定义。（　　　）

3. 内部样式表的样式对网站中的所有 HTML 页面都有效。（　　　）

4. 外部样式表是使用频率最高，也是最实用的样式表之一，它将 HTML 代码与 CSS 代码分离为两个或多个文件，实现了结构和表现的完全分离。（　　　）

5. 通配符选择器用"*"标识，能匹配页面中的所有元素。（　　　）

6. 在<head>中使用<link>标记可引用外部样式表文件，一个页面只允许使用一个<link>标记引入外部样式表文件。（　　　）

7. RGBA 是 CSS3 新增的颜色模式，它是 RGB 颜色模式的延伸，该模式在红、绿、蓝三原色的基础上添加了不透明度参数。（　　　）

8. ID 选择器使用"#"进行标识，后面紧跟 ID 名称。（　　　）

9. 通配符选择器设置的样式对所有的 HTML 标记都生效，不管标记是否需要该样式，这样反而降低了代码的执行速度。（　　　）

实训 3

一、实训目的

1. 练习 CSS 样式的定义和使用方法。

2. 掌握 CSS 常用属性的使用。

3-7：实训 3
参考步骤

二、实训内容

1. 创建《长津湖》电影简介页面，如图 3-19 所示。使用标题、段落、图像等标记搭建页面结构，使用 CSS 定义页面元素样式。

图3-19　第1题页面

2. 给实训 2 第 3 题中创建的个人网站定义 CSS 样式，对网站各个页面进行修饰美化。

三、实训总结

写出在网页中引入 CSS 样式的 3 种方式。

扩展阅读

CSS 发展历史

随着 HTML 的发展，CSS 的各种版本应运而生。CSS 主要有以下 3 个版本。

1. CSS1

1996 年 12 月，W3C 发布了第一个有关样式的标准 CSS1。这个版本已经包含字体的相关属性、颜色与背景的相关属性、文字的相关属性等。

2. CSS2

1998 年 5 月，CSS2 正式推出，这个版本开始使用样式表结构，该版本曾是流行最广并且主流浏览器都采用的标准。

3. CSS3

2001 年，W3C 着手开发 CSS3。它被分为若干个相互独立的模块，不仅是对已有功能的扩展和延伸，还是对 Web 用户界面设计理念的革新。CSS3 配合 HTML5 标准引发了 Web 应用的变革，各主流浏览器已经支持其绝大部分特性。

Web 开发者可以借助 CSS3 设计圆角边框、多背景、用户自定义字体、3D 动画、渐变、盒子阴影、文字阴影、透明度等来提高 Web 网页设计的质量，将不必依赖于通过图片或 JavaScript 完成这些设计，可极大提高网页的开发效率。

任务4

制作学院介绍页面

04

情景导入

　　李华在上网浏览时，他发现网页上的内容一般都是由若干版块构成的，而自己制作的网页却是直接呈现到浏览器上的，并没有划分版块。他便向张老师请教，张老师表扬了李华勤于动脑思考，说这是一个极好的问题，实际上网页中的内容是由一个个的块组成的，这些块也叫盒子。接下来的任务就是制作学院介绍页面，将内容放入一个盒子中，并设置盒子的各种属性。

**学习及
素养目标**

◎ 理解盒子模型的概念；

◎ 掌握盒子模型的相关属性；

◎ 养成良好的代码书写规范。

4.1 任务描述

制作学院介绍页面，将学院介绍的内容放入定义的盒子中，并设置盒子模型的相关属性，浏览效果如图4-1所示，具体要求如下。

（1）网页正文采用微软雅黑字体，文字大小为14px，文字颜色为深灰色（#333），页面背景图像为平铺的祥云图案（bodybg.jpg）。

（2）盒子实际的宽度为900px，高度根据文字内容自动调整，内边距为20px，边框为1px的灰色（#ccc）实线，盒子的背景颜色为白色，盒子在浏览器中水平居中显示。

（3）正文标题采用二级标题，标题行高为40px，文字颜色为黑色，在浏览器中居中显示。

（4）段落文字行高为25px，首行缩进2个中文字符，段落的下外边距为20px。

图4-1 学院介绍页面

4.2 知识准备

盒子模型是 CSS 网页布局的一个关键概念。只有掌握了盒子模型的相关属性，才能更好地设计网页中各个元素呈现的效果。

4.2.1 盒子模型的概念

盒子模型就是把 HTML 页面中的元素看作矩形的盒子，也就是盛放内容的容器。每个盒子都由元素的内容、内边距、边框和外边距组成。

下面通过一个具体案例认识到底什么是盒子模型。

例 4-1 在 HBuilderX 中新建空项目，项目名称为 chapter04，在项目内新建网页文件，定义一个盒子，并设置盒子的相关属性，文件名为 example01.html，代码如下。

```
<!DOCTYPE html>
<html>
 <head>
```

微课视频

微课 4-1：收纳神器—盒子模型

```
<meta charset="utf-8">
<title>认识盒子模型</title>
<style type="text/css">
        .box {
                width: 200px;                /* 盒子内容的宽度 */
                height: 200px;               /* 盒子内容的高度 */
                border: 5px solid red;       /* 盒子的边框为 5px 的红色实线 */
                background: #ccc;            /* 盒子的背景颜色为灰色 */
                padding: 20px;               /* 盒子的内边距 */
                margin: 30px;                /* 盒子的外边距 */
        }
</style>
</head>
<body>
        <div class="box">盒子内容</div>
</body>
</html>
```

浏览网页，盒子浏览效果如图 4-2 所示。

在例 4-1 中，在<body>标记中使用<div>标记定义了一个盒子 box，并对盒子 box 设置了若干属性。盒子的构成如图 4-3 所示。

图4-2　盒子浏览效果　　　　　图4-3　盒子的构成

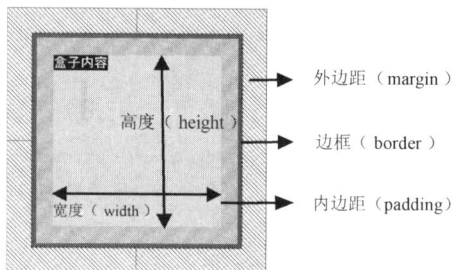

说明

（1）div 是英文"division"的缩写，意为"分割、区域"。<div>标记就是一个区块容器标记，简称块标记，块通称为盒子。块标记可以容纳段落、标题、表格、图像等各种网页元素。<div>标记中还可以嵌套<div>标记。实际上"DIV+CSS"布局网页就是将网页元素放入若干<div>标记中，并使用 CSS 设置这些块的属性。

（2）盒子内容的宽度用 width 属性设置；盒子内容的高度用 height 属性设置；盒子内容到边框之间的距离为内边距，用 padding 属性设置；盒子的边框用 border 属性设置；盒子边框外和其他盒子之间的距离为外边距，用 margin 属性设置。

（3）一个盒子实际占有的宽度（或高度）是"内容的宽度（或高度）+左、右（或上、下）内边距+左、右（或上、下）边框宽度+左、右（或上、下）外边距"。因此，例 4-1 中定义的盒子 box 的实际宽度和高度均是 310px。在网页布局时，要非常精确地计算盒子实际占有的宽度和高度。

注意

（1）并不是只有用<div>定义的块才是盒子，事实上大部分网页元素本质上都是以盒子的形式存在的。例如，body、p、h1～h6、ul、li 等元素都是盒子，这些元素都有默认的盒子属性值。

（2）给盒子添加背景颜色或背景图像时，背景颜色或背景图像也将出现在内边距中。

（3）虽然每个盒子都拥有内边距、边框、外边距、宽度和高度这些基本属性，但是并不要求每个盒子都必须定义这些属性。

（4）<div>标记定义的盒子默认的宽度是其所在容器的宽度，默认的高度由盒子中的内容决定，默认的边框、内边距、外边距都为 0。但网页中的元素 body、p、h1～h6、ul、li 等都有默认的外边距和内边距，设计网页时，一般要将这些元素的外边距和内边距都先设置为 0，需要时再设置为非 0 的值。

4.2.2 盒子模型的相关属性

要精确描述盒子的外观，需要设置盒子的边框属性、圆角边框属性、内边距属性、外边距属性、盒子阴影属性和盒子大小属性等。

微课视频

微课 4-2：
盒子模型的
相关属性

1. 边框属性 border

边框属性设置方式如下。

```
（1）border-top:上边框宽度 样式 颜色;
（2）border-right:右边框宽度 样式 颜色;
（3）border-bottom:下边框宽度 样式 颜色;
（4）border-left:左边框宽度 样式 颜色;
```

说明

边框宽度、样式和颜色这 3 个值的顺序任意。

若 4 种边框具有相同的宽度、样式和颜色，则可以用一行代码设置，格式如下。

```
border:边框宽度 样式 颜色;
```

例如，将盒子 box 的下边框设置为 2px 的红色实线可以用如下代码。

```
.box{border-bottom:2px solid #f00;}
```

将盒子 box 的 4 个边框均设置为 2px 的红色实线可以用如下代码。

```
.box {border:2px solid #f00;}
```

说明

边框样式的常用属性值有以下 5 个。

（1）solid：边框样式为单实线———。

（2）dashed：边框样式为虚线-----------。

（3）dotted: 边框样式为点线…………。

（4）double: 边框样式为双实线━━━━。

（5）none: 没有边框。

2. 圆角边框属性 border-radius

CSS3 新增的 border-radius 属性可以给元素设置圆角边框，这是 CSS3 很有吸引力的一个功能。其格式如下。

```
border-radius:圆角半径;
```

说明　属性值可以是长度或百分比，表示圆角的半径。

例如，为例 4-1 中的盒子设置圆角边框，此时浏览网页，效果如图 4-4 所示。

```
.box {
    width: 200px;              /* 盒子的宽度 */
    height: 200px;             /* 盒子的高度 */
    border: 5px solid red;     /* 盒子的边框为 5px 的红色实线 */
    border-radius:15px;        /* 盒子的圆角半径为 15px */
    background: #ccc;          /* 盒子的背景颜色为灰色 */
    padding: 20px;             /* 盒子的内边距 */
    margin: 30px;              /* 盒子的外边距 */
}
```

图4-4　给盒子添加圆角边框

注意　（1）若盒子设置了背景颜色或背景图像，那么在不设置边框时，也可以使用 border-radius 属性显示圆角的效果。

例如，将例 4-1 中盒子的样式代码改为如下代码。

```
.box {
    width: 200px;              /* 盒子的宽度 */
    height: 200px;             /* 盒子的高度 */
    border-radius:15px         /* 盒子的圆角半径为 15px */
    background: #ccc;          /* 盒子的背景颜色为灰色 */
    padding: 20px;             /* 盒子的内边距 */
    margin: 30px;              /* 盒子的外边距 */
}
```

此时，浏览网页，效果如图 4-5 所示。

图4-5 不添加边框时也有圆角边框效果

（2）border-radius 属性也可以给图像添加圆角边框效果，后面再举例说明。

3. 内边距属性 padding

内边距属性用于设置盒子中内容与边框之间的距离，也常常称为内填充。其设置方式类似于边框属性的设置方式，格式如下。

```
（1）padding-top:上内边距;
（2）padding-right:右内边距;
（3）padding-bottom:下内边距;
（4）padding-left:左内边距;
```

若 4 个内边距具有相同的大小，则可以用一行代码设置，格式如下。

```
padding:内边距;
```

例如，将盒子 box 的上、右、下、左内边距分别设置为 10px、20px、30px、40px，可以使用如下代码。

```
.box{
padding-top:10px;
padding-right:20px;
padding-bottom:30px;
padding-left:40px;
}
```

也可以简写成：

```
.box{padding:10px 20px 30px 40px;}
```

若写成：

```
.box{padding:10px 20px 30px;} /* 表示上内边距为 10px，左、右内边距均为 20px，下内边距为 30px */
```

若写成：

```
.box{padding:10px 20px;} /* 表示上、下内边距均为 10px，左、右内边距均为 20px */
```

若写成：

```
.box{padding:10px;} /* 表示上、右、下、左内边距均为 10px */
```

4. 外边距属性 margin

网页是由多个盒子排列而成的，要想拉开盒子与盒子之间的距离，合理布局网页，就需要为盒子设置外边距。外边距属性用于设置盒子与盒子之间的距离。其设置方式类似于内边距属性的设置方式，格式如下。

```
（1）margin-top:上外边距；
（2）margin-right:右外边距；
（3）margin-bottom:下外边距；
（4）margin-left:左外边距；
```

若 4 个外边距具有相同的大小，则可以用一行代码设置，格式如下。

```
margin: 外边距；
```

外边距属性的设置与内边距属性的设置基本相同，在此不赘述。但如果要让盒子在其所在容器中水平居中，则可以用如下代码。

```
.box{ margin:0 auto;} /*表示上、下外边距为0，左、右外边距为自动均匀分布，盒子在容器中水平居中显示*/
```

5. 盒子阴影属性 box-shadow

3.2.4 节介绍过的 text-shadow 属性是用来给文本添加阴影效果的，而此处介绍的 box-shadow 是用来给盒子添加阴影效果的。这也是 CSS3 新增的属性。其格式如下。

```
box-shadow:阴影水平偏移量 阴影垂直偏移量 阴影模糊半径 阴影扩展半径 阴影颜色 阴影类型；
```

> **说明**
>
> （1）阴影水平偏移量：必选属性，可以为负值，正值表示向右偏移，负值表示向左偏移。
>
> （2）阴影垂直偏移量：必选属性，可以为负值，正值表示向下偏移，负值表示向上偏移。
>
> （3）阴影模糊半径：可选属性，不可以为负值，值越大阴影越模糊，默认值为 0，表示不模糊。
>
> （4）阴影扩展半径：可选属性，可以为负值，正值表示在所有方向扩展，负值表示在所有方向消减，默认值为 0。
>
> （5）阴影颜色：可选属性，省略时为黑色。
>
> （6）阴影类型：可选属性，内阴影的值为 inset，省略时为外阴影。

例如，给盒子添加阴影水平偏移量是 10px、阴影垂直偏移量是 10px、阴影模糊半径是 10px 的灰色阴影，可以用如下代码。

```
box-shadow:10px 10px 10px #808080;  /* 添加阴影 */
```

例 4-2 在项目 chapter04 中新建一个网页文件，定义一个盒子，盒子中包括图像和文本等，为盒子和图像设置阴影，浏览效果如图 4-6 所示，文件名为 example02.html，代码如下。

```
<!DOCTYPE html>
<html>
<head>
<meta charset="utf-8">
```

图4-6　给盒子和图像添加阴影

```
<title>盒子相关属性</title>
<style type="text/css">
    body,h2,p{margin:0;padding:0;}        /* 设置外边距和内边距为 0 */
    .box {
        width: 450px;                      /* 设置宽度 */
        height: 300px;                     /* 设置高度 */
        border: 1px solid #ccc;            /* 设置边框为 1px 的灰色实线 */
        padding:10px;                      /*设置盒子内边距，使盒子边框与内容之间有 10px 的空白 */
        margin:50px auto;                  /* 设置盒子外边距，使盒子在浏览器中水平居中显示 */
        box-shadow:10px 10px 10px #ccc;    /* 给盒子添加阴影 */
    }
    h2 {
        text-align: center;
        height: 40px;                      /* 设置标题的高度 */
        line-height: 40px;                 /* 设置标题的行高，使文字垂直居中 */
        border-bottom: 1px  dashed  #ccc;  /* 设置标题下边框 */
    }
    .text {                                /* 段落样式 */
        font-family: "微软雅黑";
        font-size: 14px;
        color: #333;
        padding-top:10px;                  /* 设置上内边距 */
        text-indent: 2em;
        line-height: 25px;
    }
    .image1{                               /* 图像样式 */
        border-radius: 15px;               /* 设置图像的圆角半径 */
        float:left;                        /* 设置图像左浮动，使图像与文字环绕 */
        margin:20px;                       /* 设置图像外边距，使图像与文字有 20px 的距离 */
        box-shadow:3px 3px 10px 2px #999;  /* 给图像添加阴影 */
    }
</style>
</head>
<body>
<div class="box">
  <h2>未来信息学院简介</h2>
    <p><img src="images/school1.jpg" width="200" height="150" alt="" class="image1"/>
</p>
    <p class="text">学院是省人民政府批准设立、教育部备案的省属公办全日制普通高校。学院秉持"以服务发
展为宗旨、以促进就业为导向"的办学方针，遵循"以人为本、德技双馨、产教融合、服务社会"的办学理念，以"建设有
特色高水平的高职院校"为目标，建立了开放创新强校模式，累积了优质的教育资源，形成了良好的育人环境。学院的管理
水平、教学质量、办学特色得到社会各界的广泛肯定。</p>
</div>
</body>
</html>
```

浏览网页，效果如图 4-6 所示。

在例 4-2 的代码中，给盒子 box 添加了阴影水平偏移量为 10px、阴影垂直偏移量为 10px、阴影模糊半径为 10px 的浅灰色阴影；给图像添加了阴影水平偏移量为 3px、阴影垂直偏移量为 3px、阴影模糊半径为 10px、阴影扩展半径为 2px 的灰色阴影。

可以看出，盒子和图像添加阴影后立体感更强，视觉效果更好。利用 box-shadow 属性为网页元素添加阴影更简单，可以代替以前使用 Photoshop 为网页元素制作阴影。

> **小技巧**
>
> 通过例 4-2 可以看出，网页中要添加水平线或垂直线时，可以通过给元素设置边框的方式实现。以前学习的使用<hr>标记添加水平线的方法不灵活，而且样式单一，实际设计网页时一般不用。

4.2.3 背景属性

网页能通过背景颜色或背景图像给人留下深刻的第一印象，如节日题材的网站一般采用应景的图像来营造节日氛围。在网页设计中，设置背景颜色和背景图像是很重要的。

设置背景颜色或背景图像时可使用综合属性 background，通过该属性可以设置与背景相关的许多值。与 background 属性相关的属性如表 4-1 所示。

微课视频

微课 4-3：
背景属性

表4-1   与background属性相关的属性

属性	作用
background-color	设置要使用的背景颜色
background-image	设置要使用的背景图像
background-repeat	设置如何重复背景图像
background-position	设置背景图像的位置

1. 设置背景颜色

background-color 属性的格式如下。

```
background-color: #RRGGBB | #rgb(r,g,b) | 预定义的颜色值;
```

该属性用于设置元素的背景颜色，"|" 表示可以使用三种方式中的任意一种方式。

> **说明**
>
> （1）#RRGGBB：使用十六进制数设置背景颜色。
> （2）#rgb(r,g,b)：使用 rgb 函数设置背景颜色。
> （3）预定义的颜色值：使用预定义的颜色值设置背景颜色。

例 4-3　在项目 chapter04 中新建一个网页文件，分别设置网页的背景颜色和标题行的背景颜色，文件名为 example03.html，代码如下。

```
<!DOCTYPE html>
<html>
 <head>
    <meta charset="utf-8">
    <title>设置背景颜色</title>
    <style type="text/css">
        body {
            background-color: #B6ECEB;        /* 设置网页的背景颜色 */
        }
        h2 {
```

```
                    text-align: center;
                    background-color: #009;        /* 设置标题行的背景颜色 */
                    color: #FFF;
                }
        </style>
    </head>
    <body>
        <h2>未来信息学院简介</h2>
        <p>学院是山东省人民政府批准设立、教育部备案的省属公办全日制普通高校。学院秉持"以服务发展为宗旨、
以促进就业为导向"的办学方针，遵循"以人为本、德技双馨、产教融合、服务社会"的办学理念，以"建设有特色高水平
的高职院校"为目标，建立了开放创新强校模式，累积了优质的教育资源，形成了良好的育人环境。学院的管理水平、教学
质量、办学特色得到社会各界的广泛肯定。</p>
    </body>
</html>
```

浏览网页，效果如图 4-7 所示。

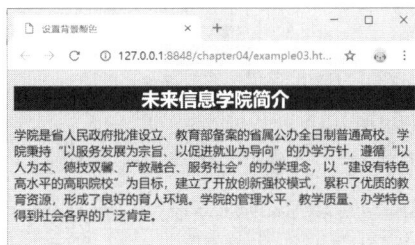

图4-7 设置背景颜色

2. 设置背景图像

background-image 属性的格式如下。

```
background-image:url（图像来源）；
```

该属性用于设置元素的背景图像。

说明	url（图像来源）：表示背景图像的路径。

例 4-4 修改例 4-3 的代码，设置网页的背景图像，将文件另存为 example04.html，修改
<body>标记的 CSS 代码如下。

```
body {
    background-image: url(images/bodybg.jpg);        /* 设置网页的背景图像为祥云图案 */
}
```

浏览网页，效果如图 4-8 所示。可以看出，网页的背景铺满了祥云图案。

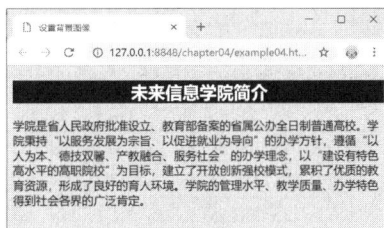

图4-8 设置背景图像

扫码看彩图

图4-8

默认情况下，背景图像在元素的左上角，并自动沿着水平和垂直两个方向平铺，铺满整个网页。

3. 设置背景图像平铺

background-repeat 属性的格式如下。

```
background-repeat:repeat|no-repeat|repeat-x|repeat-y|space|round;
```

该属性用于设置元素的背景图像平铺方式。

> **说明**
>
> （1）repeat: 背景图像在水平和垂直方向平铺，为默认值。
>
> （2）no-repeat: 背景图像只显示一次，不平铺。
>
> （3）repeat-x: 背景图像在水平方向上平铺。
>
> （4）repeat-y: 背景图像在垂直方向上平铺。
>
> （5）space: 背景图像以相同的间距平铺，且填充满整个容器或某个方向（CSS3 新增关键字）。
>
> （6）round: 背景图像自动缩放至合适大小，且填充满整个容器（CSS3 新增关键字）。

4. 设置背景图像位置

background-position 属性的格式如下。

```
background-position:关键字|百分比|长度;
```

该属性用于设置元素的背景图像位置。

> **说明**
>
> （1）关键字。控制元素水平方向的关键字有 left、center 和 right，控制元素垂直方向的关键字有 top、center 和 bottom，水平方向和垂直方向的关键字可以相互搭配使用。
>
> 各关键字的含义如下。
>
> ① center: 背景图像水平和垂直方向居中。
>
> ② left: 背景图像在水平方向上填充，从左边开始。
>
> ③ right: 背景图像在水平方向上填充，从右边开始。
>
> ④ top: 背景图像在垂直方向上填充，从顶部开始。
>
> ⑤ bottom: 背景图像在垂直方向上填充，从底部开始。

（2）百分比。表示用百分比指定背景图像填充的位置，可以为负值。一般要指定两个值，两个值之间用空格隔开，分别代表水平位置和垂直位置，水平位置的起始参考点在元素左端，垂直位置的起始参考点在元素顶端。默认值是 0% 0%，效果等同于 left top。

（3）长度。表示用长度值指定背景图像填充的位置，可以为负值。也要指定两个值，分别代表水平位置和垂直位置，起始参考点分别在元素左端和元素顶端。

例 4-5　在项目 chapter04 中新建一个网页文件，利用背景图像的各种属性设置元素的背景颜色和背景图像，文件名为 example05.html，代码如下。

```html
<!DOCTYPE html>
<html>
 <head>
     <meta charset="utf-8">
     <title>设置背景颜色和背景图像</title>
     <style type="text/css">
         body,h2,p {
             margin: 0;
             padding: 0;
         }
         .box {
             width: 600px;
             height: 620px;
             margin: 20px auto 0;
             background-image: url(images/binhai.jpg);      /* 设置背景图像 */
             background-repeat: no-repeat;                   /* 设置背景图像不重复 */
             background-position: center bottom;             /* 设置背景图像的位置 */
         }
         h2 {
             height: 40px;
             line-height: 40px;
             text-align: center;
             margin-bottom: 10px;
             background-color: #ccc;                         /* 设置背景颜色 */
             background-image: url(images/logo.png);         /* 设置背景图像 */
             background-repeat: no-repeat;                   /* 设置背景图像不重复 */
             background-position: left center;               /* 设置背景图像的位置 */
         }
         p {
             text-indent: 2em;
             line-height: 25px;
         }
     </style>
 </head>
 <body>
     <div class="box">
         <h2>未来信息学院简介</h2>
         <p>学院是省人民政府批准设立、教育部备案的省属公办全日制普通高校。学院秉持"以服务发展为宗
旨、以促进就业为导向"的办学方针，遵循"以人为本、德技双馨、产教融合、服务社会"的办学理念，以"建设有特色高
```

水平的高职院校"为目标，建立了开放创新强校模式，累积了优质的教育资源，形成了良好的育人环境。学院的管理水平、教学质量、办学特色得到社会各界的广泛肯定。</p>
```
        </div>
      </body>
    </html>
```

浏览网页，效果如图4-9所示。

> **说明**　例4-5中盒子下面的图像也可以使用图像（<img>）标记来插入，但设置背景图像与使用图像标记插入图像不同的是，背景图像上面可以显示文字。在使用时可以根据实际情况决定是设置背景图像还是使用图像标记插入图像，有时两者皆可。

图4-9　设置背景颜色和背景图像

5．综合设置背景

background 属性的格式如下。

```
background:背景颜色 url("图像") 是否重复 位置;
```

> **说明**　（1）background 可以综合设置元素的背景颜色和背景图像，还可以设置图像是否重复和位置等。某些属性值省略时，该属性以默认值进行配置。
> （2）所有属性值在书写时顺序任意。
> （3）设置元素的背景颜色和背景图像时建议使用综合属性 background 一次性设置。

例4-6　修改例4-5，使用background综合设置背景颜色和图像，文件名为example06.html，代码如下。

```
<!DOCTYPE html>
<html>
```

```
<head>
    <meta charset="utf-8">
    <title>综合设置背景颜色和背景图像</title>
    <style type="text/css">
        body,h2,p {
            margin: 0;
            padding: 0;
        }
        .box {
            width: 600px;
            height: 620px;
            margin: 20px auto 0;
            background: url(images/binhai.jpg) no-repeat center bottom; /* 设置背景图像 */
        }
        h2 {
            height: 40px;
            line-height: 40px;
            text-align: center;
            margin-bottom: 10px;
            background: #ccc url(images/logo.png) no-repeat left center; /* 设置背景
颜色和图像 */
        }
        p {
            text-indent: 2em;
            line-height: 25px;
        }
    </style>
</head>
<body>
    <div class="box">
        <h2>未来信息学院简介</h2>
        <p>学院是省人民政府批准设立、教育部备案的省属公办全日制普通高校。学院秉持"以服务发展为宗旨、
以促进就业为导向"的办学方针，遵循"以人为本、德技双馨、产教融合、服务社会"的办学理念，以"建设有特色高水平
的高职院校"为目标，建立了开放创新强校模式，累积了优质的教育资源，形成了良好的育人环境。学院的管理水平、教学
质量、办学特色得到社会各界的广泛肯定。</p>
    </div>
</body>
</html>
```

浏览网页，显示和例 4-5 相同的网页效果，如图 4-10 所示。

图4-10 综合设置背景颜色和图像

可以看出，使用 background 属性综合设置背景可以简化代码，这种方式更常用。

微课视频

微课 4-4：不
透明度属性

4.2.4　不透明度属性

3.2.4 节已介绍颜色的不透明度可以使用 rgba (r,g,b,alpha)设置。另外，也可以使用元素的 opacity 属性为任意元素设置不透明效果。格式如下。

```
opacity:不透明度值;
```

> **说明**　　不透明度值是 0～1 的浮点数值。其中，0 表示完全透明，1 表示完全不透明，0.5 表示半透明。

下面通过案例说明如何使用 opacity 属性设置图像的不透明度。

例 4-7　在项目 chapter04 中新建一个网页文件，使用 opacity 属性设置图像的不透明度，文件名为 example07.html，代码如下。

```html
<!DOCTYPE html>
<html>
 <head>
    <meta charset="utf-8">
    <title>设置图像的不透明度</title>
    <style type="text/css">
        img {
            opacity: 0.3;      /* 设置不透明度为 0.3，图像是模糊的 */
        }
        img:hover {
            opacity: 1;        /* 设置不透明度为 1，图像是清晰的 */
        }
    </style>
 </head>
 <body>
    <img src="images/shizi.jpg" width="300" alt="">
 </body>
</html>
```

浏览网页，效果如图 4-11 和图 4-12 所示。

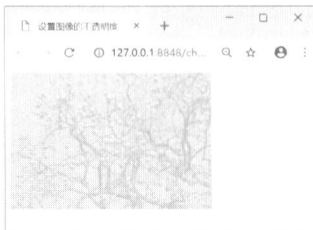

图4-11　图像的不透明度为0.3

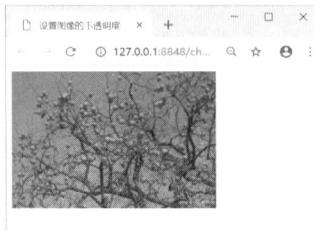

图4-12　图像的不透明度为1

在例 4-7 中，先给图像设置了不透明度为 0.3，此时图像是模糊的；当鼠标指针移动到图像上时，图像的不透明度变为 1，图像变清晰。:hover 选择器表示鼠标指针悬停到元素上时的状态。

4.3 任务实现

微课视频

微课4-5:
任务实现

在项目 chapter04 中新建一个网页文件，制作学院介绍页面，文件名为 intr.html，首先在文件中添加页面内容，即搭建页面结构，然后定义网页元素的样式。

4.3.1 搭建学院介绍页面结构

分析图 4-1 所示的学院介绍页面，该页面主要由标题文字和段落文字组成。所有文字内容放入一个块中。标题文字使用<h2>标记，段落文字使用<p>标记。因此首先要在页面中使用<div>标记定义一个块，将标题和段落的内容放入块中。网页元素的样式使用 CSS 设置。

打开新创建的文件 intr.html，搭建页面结构，代码如下。

```
<!DOCTYPE html>
<html>
 <head>
    <meta charset="utf-8">
    <title>学院介绍</title>
 </head>
 <body>
    <div class="content">
        <h2>未来信息学院介绍</h2>
        <p>学院是省人民政府批准设立、教育部备案的公办省属普通高等学校，学校秉持"以服务发展为宗旨，
以促进就业为导向"的办学方针，遵循"以人为本、德技双馨、产教融合、服务社会"的办学理念，以"建设有特色高水平
高职院校"为目标，建立了开放创新强校模式，累积了优质的教育资源，形成了良好的育人环境。学校的管理水平、教学质
量、办学特色得到社会各界的广泛肯定。</p>
        ...
    </div>
 </body>
</html>
```

在上述代码中，标题和段落的内容都放入了 div 元素定义的盒子中，并给<div>标记添加 class="content"属性，便于随后设置样式。此时浏览网页，效果如图 4-13 所示。

图4-13 没有设置样式的页面浏览效果

4.3.2　定义学院介绍页面 CSS 样式

搭建好页面结构后，使用 CSS 内部样式表设置页面中各元素样式，将该部分代码放至 <head>和</head>标记之间，代码如下。

```
<style type="text/css">
    body,h2,p {
        margin: 0;                              /* 设置元素的外边距为 0 */
        padding: 0;                             /* 设置元素的内边距为 0 */
    }
    body {
        font-family: "微软雅黑";                  /* 设置字体 */
        font-size: 14px;                        /* 设置文字大小 */
        color: #333;                            /* 设置文字颜色为深灰色 */
        background: url(images/bodybg.jpg);     /* 设置背景图像为祥云图案，图像默认平铺 */
    }
    .content {                                  /* 盒子的样式 */
        width: 858px;                           /* 设置宽度 */
        height: auto;                           /* 设置高度为 auto */
        border: 1px solid #CCC;                 /* 设置边框为 1px 的灰色实线 */
        margin: 0 auto;                         /* 设置盒子在网页上水平居中 */
        padding: 20px;                          /* 设置元素的内边距 */
        background: #FFF;                       /* 设置背景颜色为白色 */
    }
    h2 {
        text-align: center;                     /* 设置标题水平居中 */
        height: 40px;                           /* 设置标题的高度 */
        line-height: 40px;                      /*设置标题的行高与高度相等，使文字垂直居中 */
    }
    p {
        text-indent: 2em;                       /* 设置首行缩进 2 个中文字符 */
        line-height: 25px;                      /* 设置行高 */
        margin-bottom: 20px;                    /* 设置段落下外边距 */
    }
</style>
```

此时再浏览网页，效果如图 4-1 所示。

在上述代码中，网页上的所有内容都放入一个盒子中，使用 CSS 设置了盒子及盒子中各个元素的样式。

任务小结

本任务围绕学院介绍页面的制作，介绍了盒子模型的概念、盒子模型的相关属性、背景属性等知识点及其运用方法，最后综合利用所学知识对学院介绍页面的结构进行搭建，并对文本内容的样式进行美化。本任务介绍的主要知识点如图 4-14 所示。

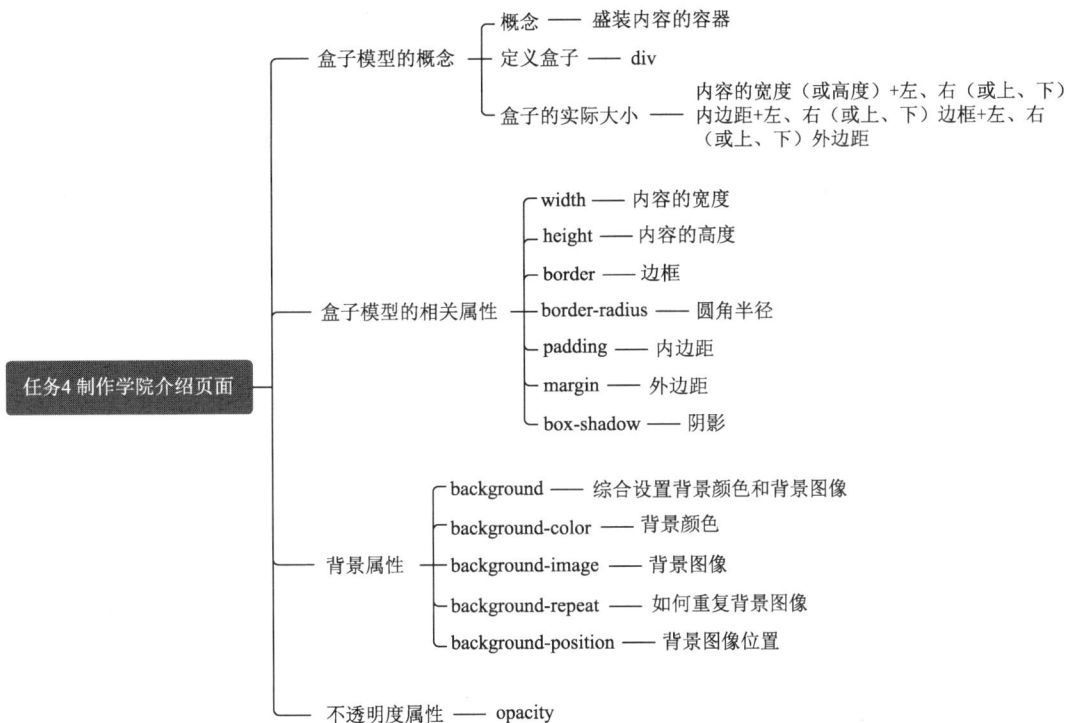

图4-14 任务4的主要知识点

习题4

一、单项选择题

1. 下面哪行代码不能显示这样一个上边框：宽度为 10 px、颜色为红色、样式为实线？
（ ）

    A. border-top:10px #F00 solid   B. border-top: #F00 solid 10px

    C. border-top: solid 10px #F00   D. border-bottom: 10px #F00 solid

2. 使用什么属性可以设置元素的左外边距？（ ）

    A. text-indent   B. indent   C. margin   D. margin-left

3. 下列 CSS 属性中用于设置背景图像是否平铺的是（ ）。

    A. background-image   B. background-begin

    C. background-repeat   D. background-size

4. 要实现背景图像不重复，应该使用（ ）。

    A. background-repeat:repeat   B. background-repeat:repeat-x

    C. background-repeat:repeat-y   D. background-repeat:no-repeat

5. 在 CSS 中，设置背景图像的属性是（ ）。

    A. background   B. background-image

    C. background-color   D. bkground

6. 下列选项中，用于更改元素左内边距的是（　　　）。

    A. text-indent　　　　B. padding-left　　　　C. margin-left　　　　D. padding-right

7. 下列选项中，哪个不能设置边框为 3px 的红色实线？（　　　）

    A. border:3px solid #F00;　　　　　　　B. border: #F00 solid 3px;

    C. border: red solid 3px;　　　　　　　D. border:#0F0 3px solid;

8. 关于样式代码 ".box{width:200px; padding:15px; margin:20px;}"，下列说法正确的是
（　　　）。

    A. box 的总宽度为 200px　　　　　　　B. box 的总宽度为 270px

    C. box 的总宽度为 235px　　　　　　　D. 以上说法均错误

9. 一个盒子的宽度和高度均为 300px，左内边距为 30px，同时盒子有 3px 的边框，请问
这个盒子的总宽度是多少？（　　　）

    A. 333px　　　　　　B. 366px　　　　　　C. 336px　　　　　　D. 363px

10. 设置背景颜色为 green，背景图像水平和垂直方向都居中显示，图像只出现一次，以
下代码正确的是（　　　）。

    A. background:url("../img/img1.jpg") no-repeat center center green;

    B. background:url("../img/img1.jpg") repeat center green;

    C. url("../img/img1.jpg") no-repeat center middle green;

    D. url("../img/img1.jpg") repeat center center green;

二、判断题

1. CSS 背景综合属性既可以定义背景图像，也可以定义背景颜色。　　　　　　（　　　）

2. 在 CSS 中，border 属性是一个复合属性。　　　　　　　　　　　　　　　（　　　）

3. 在 CSS3 中，box-shadow 属性不设置"阴影类型"参数时默认使用"内阴影"。

    （　　　）

4. 一个 div 的高度为 200px，内边距为 10px，边框为 1px，那么它的总高度为 222px。

    （　　　）

5. 默认情况下，背景图像会自动向水平和垂直两个方向平铺。　　　　　　　　（　　　）

6. opacity 属性用于定义元素的不透明度，参数不透明度值是一个 0～1 的浮点数值。

    （　　　）

7. <div>与</div>之间相当于一个容器，可以容纳段落、标题、图像等各种网页元素。

    （　　　）

实训4

4-6:实训4
参考步骤

一、实训目的

1. 理解盒子模型的定义和使用方法。

2. 掌握盒子模型的常用属性。

二、实训内容

1. 创建介绍绿色食品的网页,要求所有内容放入盒子中,盒子在浏览器中居中显示,页面浏览效果如图 4-15 所示。

图4-15 第1题页面浏览效果

2. 创意设计:创建班级介绍页面,要求图文并茂,所有内容放入盒子中,盒子在浏览器中居中显示。

三、实训总结

1. 简要描述什么是盒子模型。

2. 在网页上显示图像有几种方式?这几种方式有何区别?

扩展阅读

HTML5 代码书写规范

1. 使用正确的文档类型

HTML5 文档类型声明位于文档的第一行,使用<!DOCTYPE html>或<!doctype html>。

2. <title>标记不能省略

在 HTML5 中,<title>标记是必须的,不能省略,该标记用于描述页面的主题。

3. 使用小写标记名

HTML5 标记名可以使用大写字母和小写字母，但推荐使用小写字母。小写风格看起来更加清爽也更容易书写。

4. 大部分标记要使用结束标记

在 HTML5 中，大部分标记是双标记，所有双标记都需要使用结束标记。

5. 属性名使用小写字母

在 HTML5 中，属性名允许使用大写字母和小写字母，但推荐使用小写字母书写属性名。

6. 属性值

在 HTML5 中，属性值可以不用引号，但推荐使用引号。

7. 图片属性

尽量为<img>标记添加 alt 属性。在图片不能显示时，它能显示替换文本。

例如，<img src="html5.gif" alt="HTML5">。

8. 避免一行代码过长

使用 HTML 代码编辑器时，左右滚动代码是不方便的，所以每行代码应尽量少于 80 个字符。

9. 文件名使用小写字母

大多 Web 服务器(如 Apache 等)对字母大小写敏感,例如,london.jpg 不能通过 London.jpg 访问。建议统一使用小写字母的文件名。

任务5

制作学院网站导航条

05

情景导入

　　李华发现很多网站上都有导航条，通过导航条可以将网站的信息分类，帮助浏览者快速查找所需信息，因此他想知道导航条是如何制作的。本任务制作学院网站的导航条，使用 HTML 的无序列表标记构建导航条的结构，使用 CSS 定义导航条样式。通过本任务，同学们可以掌握导航条的构建及导航条样式设置等。

学习及素养目标

◎ 掌握无序列表和超链接的样式设置方法；

◎ 掌握网页元素的类型及类型转换方法；

◎ 掌握基本导航条的设计方法；

◎ 在编写代码的过程中养成认真严谨的工匠精神。

5.1　任务描述

制作学院网站导航条，浏览效果如图 5-1 所示，具体要求如下。

（1）导航条的宽度为 100%，高度为 42px。

（2）导航条的背景颜色为蓝色，即 rgb(28,75,169)。

（3）每个导航项的宽度为 120px，高度为 42px，文字水平和垂直方向都居中显示。

（4）每个导航项为超链接，字体采用微软雅黑，文字大小为 14px，文字颜色为白色，无下画线。

（5）鼠标指针悬停到主菜单项上时，显示白底蓝字。

图5-1　学院网站导航条

5.2　知识准备

导航条一般都采用无序列表搭建，无序列表中的项要添加超链接，通过定义无序列表和超链接的 CSS 样式可实现各种形式的导航菜单效果。下面介绍无序列表样式设置和超链接样式设置，以及元素的类型与转换等内容。

微课视频

微课 5-1：
无序列表
样式设置

5.2.1　无序列表样式设置

任务 2 已介绍，列表有无序列表、有序列表和自定义列表等，对应的标记分别是<ul>、<ol>和<dl>等。在实际应用中，无序列表是使用最频繁的列表之一，本任务中的导航条就是用无序列表来构建的。无序列表默认的项目符号是圆点，但实际使用过程中有时不需要项目符号，有时需要重新设置项目符号。通常的做法是将 list-style 属性定义为 none，即清除列表的默认项目符号，然后为<li>标记设置背景图像来实现不同的列表项目符号。下面举例说明。

例 5-1　在 HBuilderX 中新建空项目，项目名称为 chapter05，在项目内新建网页文件，在网页中创建无序列表，并设置列表样式，文件名为 example01.html，代码如下。

```
<!DOCTYPE html>
<html>
 <head>
    <meta charset="utf-8">
    <title>无序列表样式设置</title>
    <style type="text/css">
```

```
        li {
                list-style: none;                /* 清除列表的默认样式 */
                height: 28px;
                line-height: 28px;
                background: url(images/arrow.jpg) no-repeat left center;/* 设置列表项目符号 */
                padding-left: 25px;              /* 文字往右移动，使图像与文字不重叠 */
        }
    </style>
</head>
<body>
    <h2>教学系部</h2>
    <ul>
        <li>电子与通信系</li>
        <li>软件与大数据系</li>
        <li>数字媒体系</li>
        <li>智能制造系</li>
        <li>现代服务系</li>
        <li>经济与管理系</li>
        <li>基础教学部</li>
        <li>士官学院</li>
    </ul>
</body>
</html>
```

浏览网页，效果如图 5-2 所示。

图5-2 无序列表样式

从图 5-2 可以看出，每个列表项都用背景图像重新定义了列表项目符号。要重新选择列表项目符号，只需修改 background 属性的值即可。

5.2.2 超链接样式设置

前面的任务中已多次使用超链接，可以发现，超链接默认的文字颜色为蓝色且带有下画线，这种单调的样式并不好看。实际上，为了使超链接看起来更加美观，经常需要为超链接指定不同的状态，使得超链接在单击前、单击后和鼠标指针悬停时的样式不同。在 CSS 中，通过超链接伪类可以实现不同的超链接状态。

微课视频

微课 5-2:
超链接
样式设置

伪类并不是真正意义上的类，它的名称是由系统定义的。超链接标记的伪类有 4 种，如图 5-3 所示。

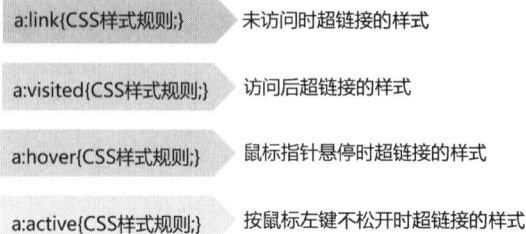

图5-3　超链接标记的伪类

通常在实际应用时，使用 a:link 和 a:visited 来定义未访问和访问后的超链接样式，而且为 a:link 和 a:visited 定义相同的样式；使用 a:hover 定义鼠标指针悬停时的超链接样式。有时干脆只定义 a 和 a:hover 的样式。

例 5-2　在项目 chapter05 中新建一个网页文件，设置超链接文字的样式，文件名为 example02.html，代码如下。

```
<!DOCTYPE html>
<html>
 <head>
    <meta charset="utf-8">
    <title>超链接样式设置</title>
    <style type="text/css">
        body {
            padding: 0;
            margin: 0;
            font-size: 16px;
            font-family: "微软雅黑";
            color: #3c3c3c;
        }
        a {
            color: #4c4c4c;                /* 超链接文字的颜色 */
            text-decoration: none;         /* 设置超链接文字无下画线 */
        }
        a:hover {
            color: #FF8400;
            text-decoration: underline;    /* 设置鼠标指针悬停时超链接文字有下画线 */
        }
    </style>
 </head>
 <body>
    <a href="#">学院简介</a>
    <a href="#">学院新闻</a>
    <a href="#">专业介绍</a>
    <a href="#">招生就业</a>
 </body>
</html>
```

浏览网页，效果如图 5-4 所示。

图5-4 超链接文字样式

当鼠标指针移动到超链接文字上时，文字变成橙色，且带有下画线。设置超链接样式可以改变超链接默认的文字样式。实际制作网站时，一般都要对网站的超链接进行个性化设置，而不采用默认样式。

5.2.3 元素的类型与转换

HTML 提供了丰富的标记，用于组织页面结构。为了使页面结构更加清晰、合理，HTML 标记被定义成了不同的类型，一般分为块标记和行内标记，也称块元素和行内元素。块元素和行内元素能根据实际需求进行类型转换。

微课视频

微课5-3:
元素的类型
与转换

1. 块元素

块元素（Block Element）在页面中以区域块的形式出现，其特点是每个块元素通常都会占据一整行或多行，可以对其设置宽度、高度、对齐方式等属性，常用于网页布局和搭建网页结构。

常见的块元素有 h1～h6、p、ul、ol、li、div、header、nav、article、aside、section、footer等，其中 header、nav、article、aside、section、footer 是 HTML5 新增的块元素，在后面的任务中会详细介绍。

> **注意**　块元素的宽度默认为其父元素的宽度。

2. 行内元素

行内元素（Inline Element）也称为内联元素或内嵌元素，其特点是相邻行内元素在一行上，一行可以显示多个行内元素。行内元素的默认宽度就是它本身内容的宽度。行内元素常用于控制页面中特殊文本的样式。

> **注意**　行内元素一般不可以设置宽度、高度和对齐方式等属性。

常见的行内元素有 a、span、strong、ins、em、del 等，其中 a 和 span 元素是典型的行内元素。

3. <span>标记

<span>标记与<div>标记都因可作为容器标记而被广泛应用在 HTML 网页中。在<span>与</span>之间同样可以容纳各种 HTML 元素，从而形成独立的对象。

div 元素与 span 元素的区别在于，div 元素是一个块元素，它包围的元素会自动换行；而 span 元素是一个行内元素，在它的前后不会换行。span 元素没有结构上的意义，纯粹是用来应用样式的，当对一行内容中的某部分内容单独设置样式时，就可以使用 span 元素。

4. 元素的转换

网页是由多个块元素和行内元素构成的盒子排列而成的。如果希望行内元素具有块元素的某些特性（如可以设置宽度/高度），或者希望块元素具有行内元素的某些特性（如不独占一行），则可以使用 display 属性转换元素的类型。格式如下。

```
display: inline| block| inline-block| none;
```

display 属性常用的属性值及含义如下。

- inline：转换为行内元素，该值是行内元素的默认属性值。
- block：转换为块元素，该值是块元素的默认属性值。
- inline-block：转换为行内块元素，可以对其设置宽度、高度和对齐方式等属性，但是该元素不会独占一行。
- none：元素被隐藏，不显示。

例 5-3 在项目 chapter05 中新建一个网页文件，制作垂直导航条，文件名为 example03.html，浏览效果如图 5-5 和图 5-6 所示。

微课视频

微课 5-4：制作垂直导航条

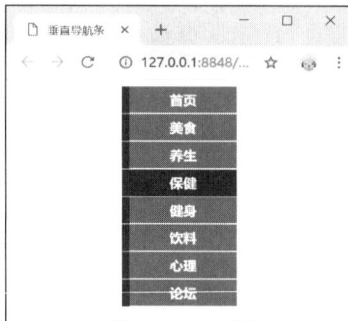

图5-5 垂直导航条   图5-6 鼠标指针悬停到导航项时的效果

操作步骤如下。

（1）搭建导航条结构。

导航条也是一个盒子，这里使用<nav>标记来表示该盒子，<nav>标记是 HTML5 新增加的标记，表示导航条。

网页结构代码如下。

```
<!DOCTYPE html>
<html>
 <head>
```

```
        <meta charset="utf-8">
        <title>垂直导航条</title>
    </head>
    <body>
        <nav>
            <ul>
                <li><a href="#">首页</a></li>
                <li><a href="#">美食</a></li>
                <li><a href="#">养生</a></li>
                <li><a href="#">保健</a></li>
                <li><a href="#">健身</a></li>
                <li><a href="#">饮料</a></li>
                <li><a href="#">心理</a></li>
                <li><a href="#">论坛</a></li>
            </ul>
        </nav>
    </body>
</html>
```

此时浏览网页，效果如图 5-7 所示。

在上述代码中，无序列表的内容都放入一个 nav 元素表示的盒子中，列表项垂直排列，超链接采用默认样式。

（2）定义导航条 CSS 样式。

搭建好页面结构后，使用 CSS 内部样式表定义页面各元素的样式，将该部分代码放至<head>和</head>标记之间，代码如下。

图5-7 导航条结构

```
<style type="text/css">
    ul,li {
        list-style: none;             /* 去掉列表项的项目符号 */
        margin: 0;                    /* 设置外边距为 0 */
        padding: 0;                   /* 设置内边距为 0 */
    }
    nav {
        width: 120px;
        height: 240px;
        margin: 0 auto;
    }
    nav ul li {
        width: 120px;
        height: 29px;
        line-height: 29px;            /* 设置行高为 29px */
        border-bottom: 1px solid #FFF; /* 下边框设置为 1px 的白色实线 */
        background-color: #09F;
        text-align: center;           /* 设置文字水平居中 */
    }
    nav ul li a {
        display: block;               /* 转换为块元素 */
        width: 112px;
        height: 29px;
        border-left: 8px solid #03C;  /* 设置左边框为 8px 的深蓝色实线 */
        font-size: 14px;
        font-weight: bold;            /* 设置文字为粗体效果 */
        color: #FFF;
```

```
        text-decoration: none;
    }
    nav ul li a:hover {
        background-color: #03C;              /* 背景颜色和左边框颜色相同 */
    }
    </style>
```

在上述代码中，将超链接元素转换为块元素，就可以设置超链接元素的宽度和高度，鼠标指针移到超链接元素上时，超链接元素所属区域就会变为深蓝色（#03C）。

最后浏览网页，效果如图 5-5 和图 5-6 所示。

5.3　任务实现

本节在前面学习知识的基础上制作学院网站导航条。在项目 chapter05 中新建一个网页文件，文件名为 nav.html，首先在文件中添加导航条内容，即搭建导航条结构，然后定义导航条元素的样式。

微课视频

微课 5-5:
任务实现

5.3.1　搭建学院网站导航条结构

分析图 5-1 所示的学院网站导航条，该导航条由 10 个主菜单项及其子菜单项构成，使用无序列表来构造，所有内容放入一个块中，再设置块中无序列表及超链接的 CSS 样式。这里的块使用<nav>标记来表示，<nav>标记是 HTML5 新增加的标记，表示导航条。

打开新创建的文件 nav.html，搭建学院网站导航条结构，代码如下。

```
<!DOCTYPE html>
<html>
 <head>
    <meta charset="utf-8">
    <title>导航条</title>
 </head>
<body>
    <nav>
        <ul class="navCon">
            <li><a href="#">网站首页</a></li>
            <li><a href="#">学院概况</a></li>
            <li><a href="#">新闻中心</a></li>
            <li><a href="#">机构设置</a></li>
            <li><a href="#">教学科研</a></li>
            <li><a href="#">团学在线</a></li>
            <li><a href="#">招生就业</a></li>
            <li><a href="#">公共服务</a></li>
            <li><a href="#">信息公开</a></li>
            <li><a href="#">统一信息门户</a></li>
        </ul>
    </nav>
 </body>
</html>
```

在上述代码中，无序列表的内容都放入一个 nav 元素的盒子中，列表项垂直排列，超链接采用默认样式。

此时浏览网页，效果如图 5-8 所示。

图5-8　导航条结构

5.3.2　定义学院网站导航条 CSS 样式

搭建好学院网站导航条结构后，使用 CSS 内部样式表定义页面各元素的样式，将该部分代码放至<head>和</head>标记之间，代码如下。

```css
<style type="text/css">
    body,ul,li {
        margin: 0;
        padding: 0;
        list-style: none;              /* 去掉列表项的项目符号 */
    }
    body {
        background: url("images/bodybg.jpg");  /* 设置背景图像 */
        font-family: "微软雅黑";
        font-size: 14px;               /* 文字大小设置为14px */
    }
    a {
        text-decoration: none;
    }
    nav {                              /* 导航条的样式 */
        background: rgb(28, 75, 169);
        margin: 50px auto;
        height: 42px;
        width: 100%;                   /* 设置宽度与浏览器相同 */
    }
    .navCon {                          /* 导航条中无序列表的样式 */
        margin: 0px auto;              /* 内容在导航条中居中显示 */
        width: 1200px;
        height: 42px;
    }
    .navCon li {                       /* 导航条中每个列表项的样式 */
        width: 120px;
        float: left;                   /* 每个列表项左浮动，使列表项水平排列 */
    }
    .navCon li a {                     /* 超链接文字的样式 */
        display: block;                /* 转换为块元素，可以设置宽度和高度 */
        width: 120px;
        height: 42px;
        line-height: 42px;
        text-align: center;
        color: #FFF;
```

```
    }
    .navCon li a:hover {                      /* 鼠标指针悬停到超链接文字上时的样式 */
        color: rgb(28, 75, 169);
        background: #FFF;
    }
</style>
```

浏览网页，效果如图 5-1 所示。

在上述代码中，最关键的样式是设置列表项左浮动，使列表项水平排列。为了实现鼠标指针悬停时超链接显示为白底蓝字，设置了超链接元素为块元素，并设置了超链接元素的宽度、高度和背景颜色。该案例采用了网站制作中典型的导航条制作方法。

> **说明**　在上面的样式代码中，对列表项使用了浮动属性 float，该属性在 6.2.1 节中会详细介绍，这里只需了解即可。

任务小结

本任务围绕学院网站导航条的制作，介绍了无序列表和超链接的样式设置方法、元素的类型与转换等，最后综合利用所学知识实现了制作学院网站导航条。本任务介绍的主要知识点如图 5-9 所示。

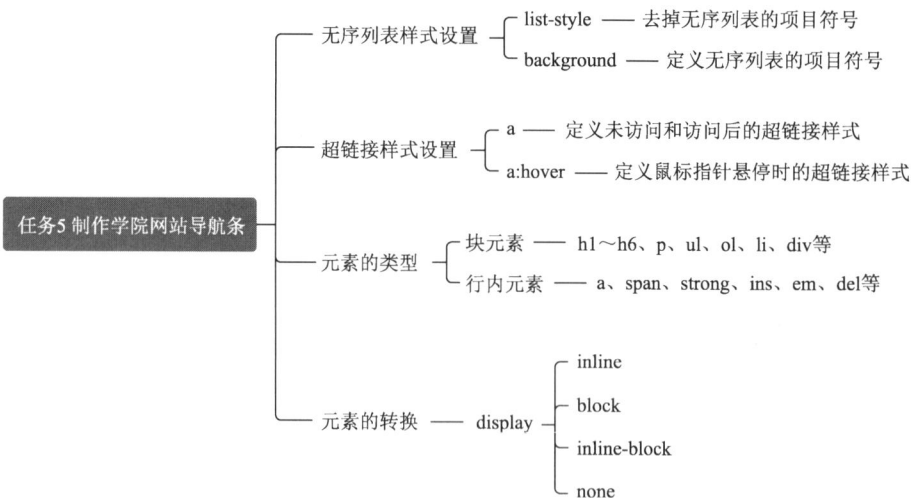

图5-9　任务5的主要知识点

习题 5

一、单项选择题

1. 去掉无序列表的项目符号使用的属性是（　　）。

A. list-style:none　　B. list-type:none　　C. list-rel: none　　D. list-href:none

2. 用于设置鼠标指针悬停时的超链接样式的是（　　　）。

  A. a:link   B. a:visited   C. a:hover   D. a:active

3. 下列样式代码中，可以将块元素转换为行内元素的是（　　　）。

  A. display:none;   B. display:block;

  C. display:inline-block;   D. display:inline;

4. 在 HTML5 中，下面哪个元素可替代<div id="nav"></div>标记来定义导航条？（　　　）

  A. nav   B. header   C. aside   D. footer

5. <span>标记是网页布局中常见的标记，其元素类型为（　　　）。

  A. 块元素   B. 行内元素   C. 行内块元素   D. 浮动元素

6. 在 CSS 中，使用什么属性来定义元素的类型？（　　　）

  A. margin 属性 B. padding 属性 C. display 属性 D. font 属性

二、判断题

1. 宽度属性 width 和高度属性 height 对块元素无效。 （　　　）

2. a 是一个行内元素。 （　　　）

3. div 是一个行内元素，span 是块元素。 （　　　）

实训 5

一、实训目的

掌握常见导航条的制作方法。

5-6：实训 5
参考步骤

二、实训内容

创建水平导航条，如图 5-10 所示。当鼠标指针悬停到导航项上时的效果如图 5-11 所示。

提示：导航条的背景颜色是渐变颜色。

图5-10　导航条浏览效果

图5-11　鼠标指针悬停到导航项时的效果

三、实训总结

1. 什么情况下要把行内元素转换为块元素？

2. 如何让一个元素不可见？

扩展阅读

网站导航的作用及设计注意事项

网站导航设计是网站设计中很重要的一部分。首先，导航设计合理会大大提升用户的体验感，帮助用户快速找到自己所需的信息，有利于提高网站的用户转化率。其次，导航设计会影响搜索引擎优化。在设计网站导航时要注意以下几点。

1. 导航的易用性

在设计导航时，尽量做到简单易用，符合用户的使用习惯。导航是网站的指南，不是网站的主要内容，它的作用是引导用户快速查找网站内容。如果导航设计不合理，内容"藏"得太深，用户一时半会儿找不到所需内容，就可能很快离开网站。

2. 导航的逻辑性

导航要有逻辑，条理要清晰，要能够引导用户查找信息，使用户通过主导航、次导航、分类导航等快速找到自己所需的内容。

3. 导航的层次

导航的层次不宜过多，从网站主页到最终页面的跳转不宜超过 3 次，这样既降低了搜索引擎"蜘蛛"爬行难度，也减少了用户单击次数。

任务6

制作学院新闻块

06

情景导入

　　李华发现网页中不仅有导航条，还有许多版块，比如新闻块、公告块等。本任务就来制作学院网站中的学院新闻块，使用 HTML 标题标记和无序列表标记构建新闻块的内容，使用 CSS 定义新闻块的样式。通过本任务，同学们可以掌握新闻块的实现方法，能轻松制作网页中其他类似的版块。

**学习及
素养目标**

◎ 掌握元素的浮动属性的运用，能为元素设置和清除浮动；

◎ 掌握块元素间的外边距的计算方法；

◎ 学会新闻块的制作方法；

◎ 养成不惧困难、积极进取的劳动者精神。

6.1　任务描述

制作学院新闻块，该块中上面是标题行，标题行下面是新闻条目。使用 HTML 标记搭建新闻块中的内容结构，并定义相关元素的 CSS 属性，浏览效果如图 6-1 所示，具体要求如下。

（1）块的宽度 width 属性值为 458px，高度 height 属性值为 228px，块的背景颜色为白色。

（2）块的边框为 1px 的灰色（#ccc）实线，上、下内边距各为 5px，左、右内边距各为 10px。上、下外边距各为 20px，左、右外边距均为 auto。

（3）标题行采用二级标题，标题行高度为 37px，文字大小为 16px，左侧背景图像为 head1.png。

（4）列表项均为超链接文字，所有文字采用微软雅黑字体，文字大小为 14px，文字颜色为深灰色（#333），行高为 31px，文字无下画线。列表项的项目符号图像为 icon.png。

（5）鼠标指针移到新闻条目文字上时，文字颜色变为蓝色（#1c4ba9）。

图6-1　学院新闻块浏览效果

6.2　知识准备

新闻条目中通常包含文字和日期，日期显示在文字的右边，这就要为日期定义浮动属性。另外，块元素之间的外边距也是在网页布局时要考虑的问题，下面对元素的浮动和块元素间的外边距进行详细介绍。

6.2.1　元素的浮动

默认情况下，网页中的块元素会以标准流的方式垂直排列，即块元素从上到下一一罗列，要使块元素水平排列，就需要设置元素的浮动属性。

1. 浮动属性

元素的浮动是指设置了浮动属性的元素会脱离标准流的控制，移动到指定位置。在 CSS 中，通过 float 属性设置元素左浮动或右浮动，格式如下。

```
选择器{float:left|right|none;}
```

> **说明**
>
> 　　float 属性设为 left 或 right，可以使元素向左或向右移动，直到它的外边框碰到父元素或另一个浮动元素的边框为止。若不设置 float 属性，则 float 属性默认为 none，即不浮动。

例 6-1　在 HBuilderX 中新建空项目，项目名称为 chapter06，在项目内新建网页文件，在网页中定义两个盒子，文件名为 example01.html，代码如下。

```
<!DOCTYPE html>
<html>
 <head>
    <meta charset="utf-8">
    <title>元素不浮动</title>
    <style type="text/css">
    .one {                      /* 定义第一个盒子的样式 */
        width: 200px;
        height: 100px;
        background-color: #F00;
    }
    .two {                      /* 定义第二个盒子的样式 */
        width: 200px;
        height: 100px;
        background-color: #0F0;
    }
    </style>
</head>
 <body>
    <div class="one">第一个盒子</div>
    <div class="two">第二个盒子</div>
 </body>
</html>
```

浏览网页，效果如图 6-2 所示。

在例 6-1 中，两个盒子都没有设置 float 属性时，盒子自上而下排列，如图 6-2 所示。

若给每个盒子设置浮动属性：

```
float:left;
```

则此时浏览网页，效果如图 6-3 所示。可以看出，为两个盒子设置浮动属性后，盒子水平排列。

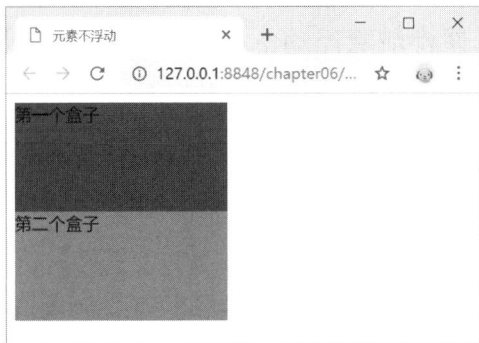

图6-2　没有设置元素浮动时的效果　　　　　图6-3　设置元素浮动时的效果

　　浮动元素不再占用原标准流的位置，它会对页面中其他元素的排版产生影响。下面举例说明。

　　例 6-2　在项目 chapter06 中新建一个网页文件，在网页中定义两个盒子，在盒子下面显示一段文字，文件名为 example02.html，代码如下。

```html
<!DOCTYPE html>
<html>
 <head>
    <meta charset="utf-8">
    <title>元素不浮动</title>
    <style type="text/css">
    .one {                          /* 定义第一个盒子的样式 */
        width: 200px;
        height: 100px;
        background-color: #F00;
    }
    .two {                          /* 定义第二个盒子的样式 */
        width: 200px;
        height: 100px;
        background-color: #0F0;
    }
    </style>
</head>
 <body>
    <div class="one">第一个盒子</div>
    <div class="two">第二个盒子</div>
    <p>默认情况下，网页中的块元素会以标准流的方式垂直排列，即块元素从上到下一一罗列。但在网页实际排版时，有时需要将块元素水平排列，这就需要为元素设置浮动属性。 </p>
 </body>
</html>
```

　　浏览网页，效果如图 6-4 所示。

　　可以看出，此时网页中的元素按标准流的方式自上而下排列。若给两个盒子都添加浮动属性：

```css
float:left;  /* 设置左浮动 */
```

则会形成文字与块环绕的效果，如图 6-5 所示。

2．清除浮动

　　若要使图 6-5 所示的段落文字按原标准流的方式显示，即不受前面浮动元素的影响，则需要对段落元素清除浮动。在 CSS 中，使用 clear 属性清除浮动，格式如下。

```css
选择器{clear:left|right|both;}
```

> **说明**　clear 属性值为 left 时，清除元素左浮动的影响；clear 属性值为 right 时，清除元素右浮动的影响；clear 属性值为 both 时，同时清除元素左、右浮动的影响。其中，最常用的属性值是 both。

继续在例 6-2 的代码中添加如下样式代码。

```
p{clear:both;}   /* 清除浮动的影响 */
```

此时浏览网页，效果如图 6-6 所示。

从图 6-4～图 6-6 可以看出对两个盒子添加左浮动后，两个盒子由原来的垂直排列，变为水平排列，段落文字也受浮动的影响，环绕到块元素的周围（如图 6-5 所示）。对 p 元素清除浮动的影响后，段落文字就会在块元素下方显示（如图 6-6 所示）。

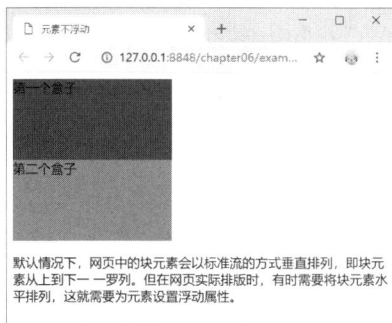

| 图6-4 不设置元素浮动时的效果 | 图6-5 文字与块环绕的效果 | 图6-6 对段落元素清除浮动后的效果 |

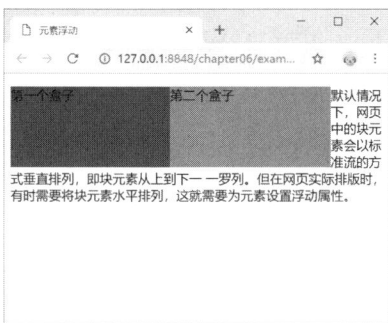

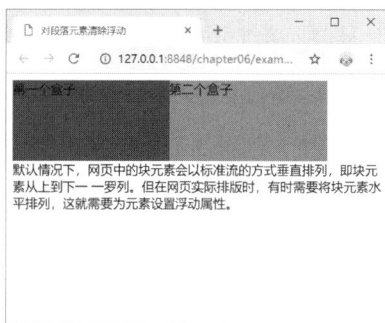

clear 属性只能清除元素左、右浮动的影响，但是在制作网页时，经常会遇到一些特殊的浮动影响。例如，对子元素设置浮动时，如果不对其父元素定义高度，则子元素的浮动会对父元素产生影响，下面举例说明。

例 6-3 在项目 chapter06 中新建一个网页文件，在网页中定义一个大盒子，大盒子包含两个小盒子，文件名为 example03.html，代码如下。

```html
<!DOCTYPE html>
<html>
 <head>
    <meta charset="utf-8">
    <title>大盒子包含小盒子</title>
    <style type="text/css">
    .box {                        /* 定义大盒子的样式，不设置高度 */
        width: 450px;
        background: #00F;
    }
    .one {                        /* 定义小盒子的样式 */
        width: 200px;
        height: 100px;
        background-color: #F00;
        float: left;              /* 设置左浮动 */
        margin: 10px;
    }
    .two {                        /* 定义小盒子的样式 */
        width: 200px;
        height: 100px;
        background-color: #0F0;
        float: left;              /* 设置左浮动 */
        margin: 10px;
    }
    </style>
```

```
    </head>
    <body>
    <div class ="box">
      <div class="one">第一个小盒子</div>
      <div class="two">第二个小盒子</div>
    </div>
 </body>
</html>
```

浏览网页，效果如图 6-7 所示。

从图 6-7 可以看出，此时没有父元素。也就是说，子元素设置浮动属性后，由于父元素没有设置高度，受子元素浮动的影响，父元素没有显示。

因为子元素和父元素为嵌套关系，不存在左右位置关系，所以使用 clear 属性并不能清除子元素浮动对父元素的影响。那么如何使父元素适应子元素的高度并显示呢？最简单的方法是使用 overflow 属性清除浮动影响，给大盒子的样式添加下面一行代码。

```
overflow:hidden;  /* 清除浮动影响，使父元素适应子元素的高度 */
```

此时浏览网页，效果如图 6-8 所示。

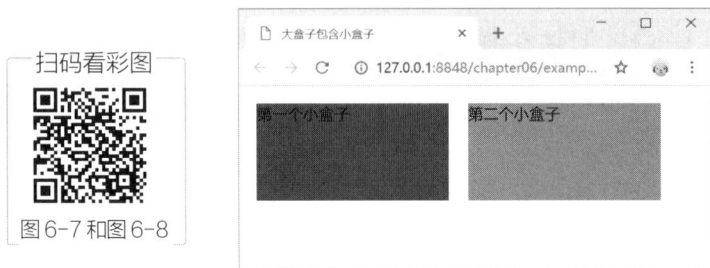

扫码看彩图

图6-7和图6-8

图6-7　子元素浮动对父元素的影响　　　　图6-8　使用overflow属性清除浮动影响

从图 6-8 中可以看出蓝色背景的父元素，说明父元素被子元素撑开，即子元素浮动对父元素的影响已经被清除。

6.2.2　块元素间的外边距

网页中的块元素水平或垂直排列时，元素之间往往都有一定的间隔，间隔的距离是由元素的外边距决定的。块元素间的垂直外边距和水平外边距计算方式是不同的，下面详细说明。

微课视频

微课 6-2：块元素间的外边距

1.　块元素间的垂直外边距

当上下相邻的两个块元素相遇时，如果上面的元素有下外边距 margin-bottom，下面的元素有上外边距 margin-top，则它们之间的垂直外边距不是两者之和，而是两者中的较大者。下面举例说明。

例 6-4　在项目 chapter06 中新建一个网页文件，在网页中定义两个块，并设置它们的外边距，文件名为 example04.html，代码如下。

```
<!DOCTYPE html>
<html>
 <head>
```

```
    <meta charset="utf-8">
    <title>块元素间的垂直外边距</title>
    <style type="text/css">
    .one{
        width:200px;
        height:100px;
        background:#F00;
        margin-bottom:10px;    /* 定义第一个块元素的下外边距 */
    }
    .two{
        width:200px;
        height:100px;
        background:#0F0;
        margin-top:30px;        /* 定义第二个块元素的上外边距 */
    }
    </style>
</head>
<body>
    <div class="one">第一个块</div>
    <div class="two">第二个块</div>
</body>
</html>
```

浏览网页，效果如图6-9所示。

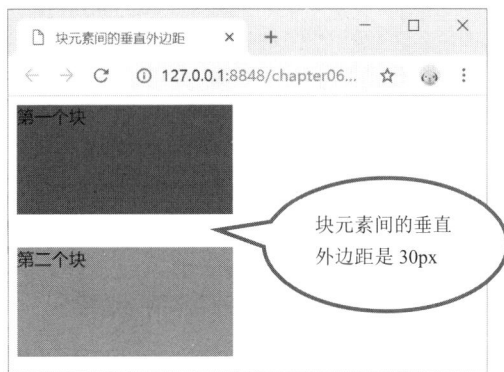

图6-9 块元素间的垂直外边距

在例6-4中定义了第一个块元素的下外边距为10px，定义了第二个块元素的上外边距为30px，此时两个块元素的垂直外边距是30px，即margin-bottom和margin-top中的较大者。

2. 块元素间的水平外边距

当两个相邻的块元素水平排列时，如果左边的元素有右外边距margin-right，右边的元素有左外边距margin-left，则它们之间的水平外边距是两者之和。下面举例说明。

例6-5 在项目chapter06中新建一个网页文件，在网页中定义两个块，并设置它们的外边距，文件名为example05.html，代码如下。

```
<!DOCTYPE html>
<html>
<head>
    <meta charset="utf-8">
    <title>块元素间的水平外边距</title>
    <style type="text/css">
```

```
        .one{
            width:200px;
            height:100px;
            background:#F00;
            float:left;          /* 设置块左浮动 */
            margin-right:10px;    /* 定义第一个块元素的右外边距 */
        }
        .two{
            width:200px;
            height:100px;
            background:#0F0;
            float:left;          /* 设置块左浮动 */
            margin-left:30px;     /* 定义第二个块元素的左外边距 */
        }
    </style>
</head>
 </body>
    <div class="one">第一个块</div>
    <div class="two">第二个块</div>
 </body>
</html>
```

浏览网页，效果如图 6-10 所示。

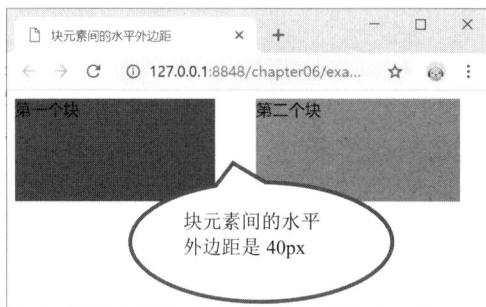

图6-10　块元素间的水平外边距

例 6-5 中定义了第一个块元素的右外边距为 10px，定义了第二个块元素的左外边距为 30px，此时两个块元素的水平外边距是 40px，即 margin-right 和 margin-left 之和。

例 6-6　在项目 chapter06 中新建一个网页文件，创建学院网站中的一行，文件名为 example06.html，浏览效果如图 6-11 所示。

微课视频

微课 6-3：创建学院网站中的一行

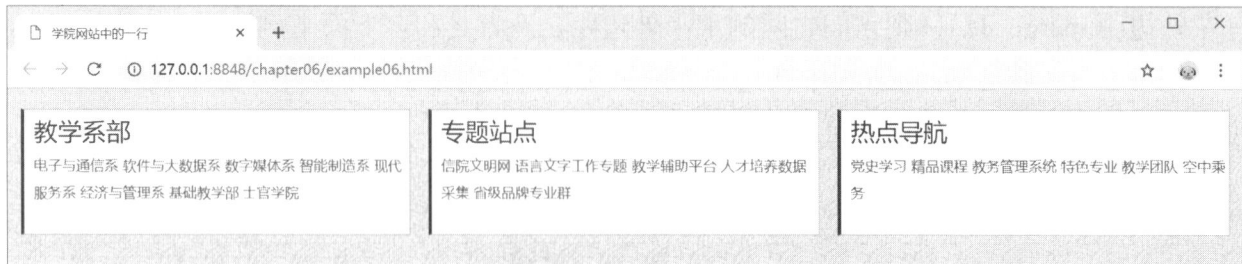

图6-11　学院网站中的一行

操作步骤如下。

（1）搭建行的结构

分析图 6-11 所示的页面效果，该行由 3 个块组成。每个块中有标题和若干超链接文字。因此需要定义一个大块，在大块中再定义 3 个子块，每个子块中的标题文字使用<h2>标记，超链接文字使用<a>标记。

打开前面创建的文件 example06.html，添加页面结构，代码如下。

```
<!DOCTYPE html>
<html>
<head>
    <meta charset="utf-8">
    <title>学院网站中的一行</title>
</head>
<body>
    <div id="row">
        <div class="rowL">
            <h2>教学系部</h2>
            <div class="cont">
                <a href="#" target="_blank">电子与通信系</a>
                <a href="#" target="_blank">软件与大数据系</a>
                <a href="#" target="_blank">数字媒体系</a>
                <a href="#" target="_blank">智能制造系</a>
                <a href="#" target="_blank">现代服务系</a>
                <a href="#" target="_blank">经济与管理系</a>
                <a href="#" target="_blank">基础教学部</a>
                <a href="#" target="_blank">士官学院</a>
            </div>
        </div>
        <div class="rowM">
            <h2>专题站点</h2>
            <div class="cont">
                <a href="#" target="_blank">信院文明网</a>
                <a href="#" target="_blank">语言文字工作专题</a>
                <a href="#" target="_blank">教学辅助平台</a>
                <a href="#" target="_blank">人才培养数据采集</a>
                <a href="#" target="_blank">省级品牌专业群</a>
            </div>
        </div>
        <div class="rowM">
            <h2>热点导航</h2>
            <div class="cont">
                <a href="#" target="_blank">党史学习</a>
                <a href="#" target="_blank">精品课程</a>
                <a href="#" target="_blank">教务管理系统</a>
                <a href="#" target="_blank">特色专业</a>
                <a href="#" target="_blank">教学团队</a>
                <a href="#" target="_blank">空中乘务</a>
            </div>
        </div>
    </div>
</body>
</html>
```

在上述代码中，3 个子块的类选择器名称为.rowL 和.rowM，其中第二个子块和第三个子块的类选择器名称都是.rowM，这是因为这两个子块的样式是完全一样的，所以应用相同的类选择器。此时浏览网页，效果如图 6-12 所示。

图6-12　学院网站中的一行的结构

（2）定义行的 CSS 样式

搭建行的页面结构后，使用 CSS 内部样式表设置页面各元素的样式，将该部分代码放至<head>和</head>标记之间，代码如下。

```css
<style type="text/css">
body,h2 {
    margin: 0;
    padding: 0;
}
body {
    font-family: "微软雅黑";
    font-size: 14px;
    color: #000;
    background: url(images/bodybg.jpg);
}
a {
    text-decoration: none;
}
#row {                              /* 大块的样式 */
    width: 1200px;
    height: 120px;
    margin: 20px auto;
}
.rowL,.rowM {                      /* 3个子块的样式同时设置 */
    width: 374px;
    height: 120px;
    border: 1px solid #ccc;
    border-left: 3px solid #1c4ba9;    /* 左边框 */
    float: left;                       /* 左浮动 */
    padding-left: 10px;
    background: #FFF;
}
.rowM {
    margin-left: 18px;                 /* 第二个子块和第三个子块的左外边距 */
}
#row h2 {
    width: 374px;
    height: 40px;
    line-height: 40px;
```

```
        color: #1c4ba9;
        font-size: 24px;
        font-weight: normal;
}
.cont a {
        line-height: 26px;
        color: #666;
}
.cont a:hover {
        color: #1c4ba9;
}
</style>
```

最后浏览网页，效果如图 6-11 所示。

在上述代码中，3 个子块同时设置左浮动，使它们水平排列。3 个子块占有的实际总宽度是 1200px，即每个子块的宽度、边框、内边距、外边距之和是 1200px，若超出这个宽度，则第三个子块会显示在下一行。因此在书写 CSS 样式代码时，盒子的宽度、高度和边框等属性值都是精确计算出来的，这是需要特别注意的地方。

6.3 任务实现

在项目 chapter06 中新建一个网页文件，制作学院新闻块，文件名为 news.html，首先在文件中添加新闻块内容，即搭建页面结构，然后定义新闻块及块中元素的样式。

微课视频

微课 6-4：
任务实现

6.3.1 搭建学院新闻块页面结构

分析图 6-1 所示的学院新闻块，该块主要由标题行和新闻条目组成，所有内容放入一个块中。标题行使用<h2>标记，竖线和英文部分使用<span>标记，新闻条目使用<ul>无序列表标记。因此，在页面中使用<div>标记定义一个块，将标题行和无序列表放入块中。

打开新创建的文件 news.html，搭建学院新闻块页面结构，代码如下。

```
<!DOCTYPE html>
<html>
<head>
    <meta charset="utf-8">
    <title>学校要闻</title>
</head>
<body>
    <div class="news">
        <h2>学校要闻<span class="eng">|| College News</span></h2>
        <ul class="content">
            <li><span>2021-04-09</span><a href="newsDetail.html" target="_blank">
学校联合发起成立软件行业产教联盟</a></li>
                <li><span>2021-04-08</span><a href="#" target="_blank">学校"四个推进"掀
起党史学习教育热潮</a></li>
                <li><span>2021-04-02</span><a href="#" target="_blank">学校召开2021年度
体育工作会议</a></li>
                <li><span>2021-04-01</span><a href="#" target="_blank">我校举行"铭记历史
```

```
缅怀先烈"清明节祭扫先烈活动</a></li>
                    <li><span>2021-03-30</span><a href="#" target="_blank">中国工业互联网研究
院来我校交流访问</a></li>
                    <li><span>2021-03-30</span><a href="#" target="_blank">学校召开党务干部业
务培训会议</a></li>
            </ul>
        </div>
    </body>
</html>
```

在上述代码中，最外层的大块包含<h2>标题行和<ul>无序列表。此时浏览网页，效果如图 6-13 所示。

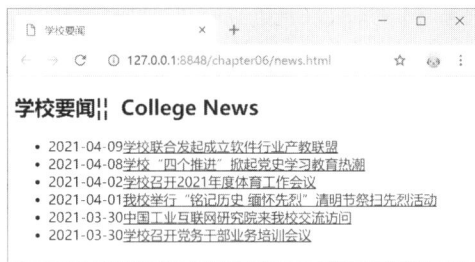

图6-13　学院新闻块页面结构

6.3.2　定义学院新闻块 CSS 样式

搭建好学院新闻块页面结构后，使用 CSS 内部样式表定义页面各元素样式，将该部分代码放至<head>和</head>标记之间，代码如下。

```css
<style type="text/css">
body,h2,ul,li {                            /* 设置元素的初始属性 */
    margin: 0;
    padding: 0;
    list-style: none;                      /* 去掉列表项默认的项目符号 */
}
body {
    background: url("images/bodybg.jpg");  /* 背景图像默认是平铺的 */
    font-family: "微软雅黑";
    font-size: 14px;
    color: #000;
}
a {                                        /* 设置超链接文字的样式 */
    color:#333;
    text-decoration: none;                 /* 去掉超链接文字的下画线 */
}
.news {                                    /* 设置块的样式 */
    background: #FFF;
    border: 1px solid #ccc;
    width: 458px;
    height: 228px;
    padding: 5px 10px;
    margin: 20px auto;
}
.news h2 {                                 /* 设置标题的样式 */
    background: url(images/head1.png) no-repeat left center;
    width: 448px;
```

```
        height: 37px;
        line-height: 37px;
        color: #FFF;
        font-size: 16px;
        padding-left: 10px;
        border-bottom: 1px solid #ccc;              /* 添加标题下方的水平线 */
    }
    .news h2 .eng {                                 /* 设置标题中英文文字的样式 */
        color: #737373;
        padding-left: 50px;
        font-weight: normal;
    }
    .news .content {
        width: 458px;
        height: 190px;                     /* 高度是块的高度减去标题的高度, 即 228px-38px */
    }
    .news .content li {
        width: 443px;                          /* 宽度是 458px-15px */
        height: 31px;
        line-height: 31px;
        background: url("images/icon.png") no-repeat left center;  /* 设置列表项的项目符号 */
        padding-left: 15px;
    }
    .news .content li a:hover {
        color:#1c4ba9;                         /* 设置鼠标指针悬停到超链接文字时的颜色 */
    }
    .news .content li span {           /* 设置列表项中日期的样式 */
        color: #737373;
        font-size: 11px;
        float: right;                          /* 使日期显示在列表项的右边 */
    }
</style>
```

浏览网页, 效果如图6-1所示。

在上述样式代码中, 通过设置列表项的背景图像, 给列表项添加了自定义的项目符号; 设置日期右浮动, 使日期在列表项的右侧显示。这些都是在制作新闻块时经常使用的方法。

任务小结

本任务围绕学院新闻块的制作, 介绍了元素的浮动、块元素间的外边距等内容。在网站设计中, 元素的浮动是非常重要的内容, 请同学们一定要多多练习, 加深理解。本任务介绍的主要知识点如图 6-14 所示。

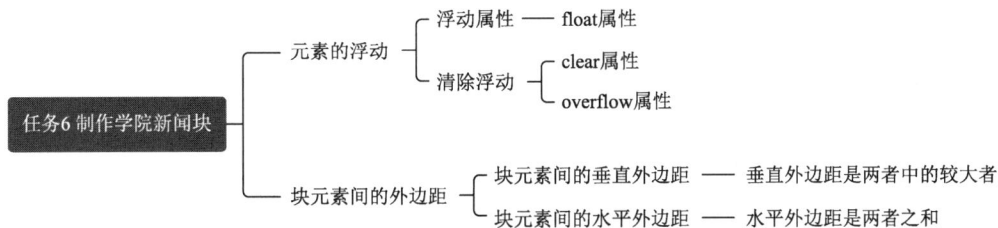

图6-14　任务6的主要知识点

习题 6

一、单项选择题

1. float 用于定义元素的浮动属性，下列选项中不属于 float 属性常用属性值的是（　　）。

    A. left   B. right   C. none   D. visible

2. 下列样式代码中，不可以清除元素浮动影响的是（　　）。

    A. clear: left;   B. clear: right;

    C. clear: both;   D. clear: all;

3. 下列样式代码中，可对父元素清除元素浮动影响的是（　　）。

    A. .box{ overflow: hidden;}   B. .box{ clear:both;}

    C. .box{ overflow: hide;}   D. .box{ clear: all;}

二、判断题

1. 当两个相邻的块元素水平排列时，如果左边的元素有右外边距 margin-right，右边的元素有左外边距 margin-left，则它们之间的水平外边距是两者之和。（　　）

2. 当上下相邻的两个块元素相遇时，如果上面的元素有下外边距 margin-bottom，下面的元素有上外边距 margin-top，则它们之间的垂直外边距不是两者之和，而是两者中的较大者。（　　）

3. 页面上定义的两个盒子都没有设置 float 属性时，盒子会水平排列。（　　）

4. 父元素包含的子元素设置浮动后，若父元素没有设置高度，则受子元素浮动的影响，父元素将不显示。（　　）

5. 在 CSS 中，可以通过 position 属性为元素设置浮动。（　　）

实训 6

一、实训目的

1. 掌握元素的浮动属性。

2. 掌握新闻块的实现方法。

二、实训内容

根据提供的素材制作通知公告块，如图 6-15 所示，具体要求如下。

（1）块的实际宽度为 462px，高度为 280px。

（2）标题文本背景颜色为蓝色（#1c4ba9）。

（3）新闻列表条目的超链接文字采用微软雅黑字体，文字大小为 14px，文字颜色为灰色（#333），无下画线。

6-5：实训 6
参考步骤

（4）鼠标指针移到列表条目文字时文字颜色变为蓝色（#1c4ba9）。

图6-15　页面浏览效果

三、实训总结

1. 为何要设置盒子的浮动属性？

2. 块元素间的水平外边距和垂直外边距分别如何计算？

扩展阅读

网页文字排版

网页中的文字内容一般占据了较大的页面比例，做好文字排版对增强网页的视觉效果有至关重要的作用。良好的文字排版能有效提升内容的可读性和易读性。网页文字排版时需注意如下要素。

1. 文字大小

打开网页后，有时会遇到显示文字太大或太小、看起来不方便的情况。网页设计时，字号要精准明确，一般采用 12px、14px、16px、18px 等偶数字号。设计时还需要有主次之分，运用主次关系引导用户了解文字的重点，比如先看标题，再看内容提要，最后看正文。

2. 文字的行高

控制文字的行高有利于提升用户阅读效率，也有利于网页段落的布局，影响网站整体的风格。正常情况下，行间距设置为文本高度的30%，能够确保视觉上的清晰。

3. 文字的行宽

每行文本的字数影响着内容的可读性，通过研究发现以下规律。

如果想让用户拥有良好的阅读体验，则将每行文字控制在30个字左右，因为这样能够让内容拥有恰到好处的可读性。文本太短，用户需要频繁扫视，会打乱阅读的节奏；文本太长，扫视范围过广，用户很难持续保持高专注度的阅读。在移动端，每行文字控制在15～20个字符合目前的用户阅读习惯。

4. 字体的种类

网站的页面在排版设计时，运用的字体种类不要过多，因为使用多种字体会造成视觉混乱，字体控制在 2～3 种比较合适。

5. 对比

对比是网页文字排版设计最值得注意的几个要素之一。常见的对比如下。

（1）文字颜色与背景颜色对比

正文文字颜色与背景颜色的适当对比可以提高文字的清晰度，产生强烈的视觉效果。如在浅色的背景上使用深色的文字（或者相反），既将文字内容清晰地衬托出来，又使文字内容具有很强的视觉冲击力。

（2）标题与正文对比

标题与正文两种文字样式的对比可让文字内容富有层次，更容易吸引用户，比如标题使用 20px 的微软雅黑字体，正文使用 14px 的宋体。

（3）文字颜色对比

主要文字和普通文字颜色不同，可增强视觉效果，突出重点内容。

优秀的网页文字排版会让内容清晰、直观地传达，并且最终让用户轻松了解其中的内容。经常浏览各种图文排版不错的网站会带来不同的排版灵感。用心学习优秀网站的排版方法并学以致用，会让你设计的网站更加多彩。

任务7

制作学生信息表

07

情景导入

　　李华想在网页上用表格显示全班同学的信息，他苦于不知道如何在网页上创建表格。本任务我们和李华一起来学习表格的创建，制作一个学生信息表，要求显示学生的姓名、性别、年龄、班级等信息，并使用 CSS 定义表格的样式。通过本任务，同学们可以掌握表格的创建和样式设置方法，能轻松制作网页中类似的表格。

学习及素养目标

◎ 掌握创建表格的 HTML 标记；

◎ 掌握合并单元格的方法；

◎ 掌握表格的 CSS 样式定义方法；

◎ 小组探究学习、培养团队合作能力。

7.1　任务描述

制作学生信息表，浏览效果如图 7-1 所示，具体要求如下。

（1）创建一个 8 行 7 列的表格。

（2）设置表格标题——学生信息表。

（3）在表格标记中添加相应的文本内容，并用<th>标记为表格设置表头。

（4）通过 CSS 控制表格的样式。

（5）鼠标指针移动到表格行时高亮（黄色）显示该数据行。

图7-1　学生信息表

7.2　知识准备

网页上的一些内容，如通讯录、学生信息表、课程表等，通常采用表格来呈现，本节中我们就来学习表格的各种标记以及定义表格样式的方法。

7.2.1　表格标记

在网页中创建表格需要使用表格标记，下面举例说明这些标记。

例 7-1　在 HBuilderX 中新建空项目，项目名称为 chapter07，在项目内新建网页文件，在网页创建图 7-2 所示的简单表格，文件名为 example01.html，代码如下。

微课视频

微课 7-1：
表格标记

```html
<!DOCTYPE html>
<html>
<head>
    <meta charset="utf-8">
    <title>表格标记</title>
</head>
<body>
    <h2>学生情况表</h2>
    <table border="1">  <!-- 给表格添加边框 -->
        <tr>
            <th>学号</th>
            <th>姓名</th>
            <th>性别</th>
            <th>专业</th>
            <th>家庭住址</th>
```

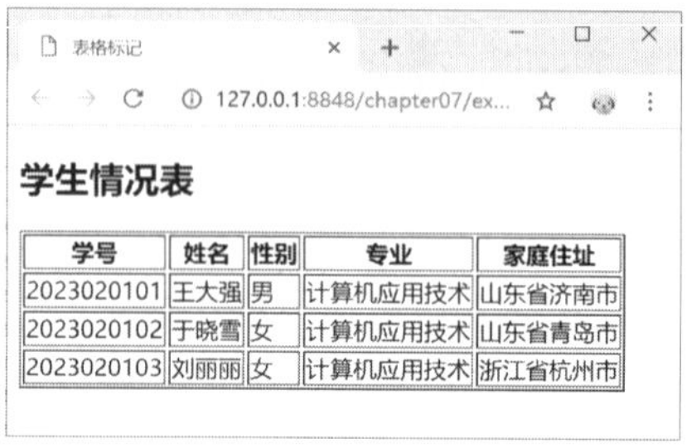

图7-2　简单表格

```
        </tr>
        <tr>
            <td>2023020101</td>
            <td>王大强</td>
            <td>男</td>
            <td>计算机应用技术</td>
            <td>山东省济南市</td>
        </tr>
        <tr>
            <td>2023020102</td>
            <td>于晓雪</td>
            <td>女</td>
            <td>计算机应用技术</td>
            <td>山东省青岛市</td>
        </tr>
        <tr>
            <td>2023020103</td>
            <td>刘丽丽</td>
            <td>女</td>
            <td>计算机应用技术</td>
            <td>浙江省杭州市</td>
        </tr>
    </table>
</body>
</html>
```

通过上面的代码，可以看出创建表格的基本标记有 4 个，如图 7-3 所示。

`<table></table>`	表格标记，用于定义一个表格
`<tr></tr>`	行标记，用于定义表格的一行
`<th></th>`	表头单元格标记，用于定义表头的单元格
`<td></td>`	数据单元格标记，用于定义数据的单元格

图7-3　表格的基本标记

> **注意**
>
> （1）<tr></tr>标记必须包含在<table>和</table>标记之间，表格有几行，在<table>和</table>标记之间就要有几对<tr></tr>标记。
>
> （2）<th></th>标记必须包含在<tr>和</tr>标记之间，表头有几个单元格，在<tr>和</tr>标记之间就要有几对<th></th>标记。该标记中的文字会被自动设为粗体，文字在单元格中居中对齐显示。
>
> （3）<td></td>标记必须包含在<tr>和</tr>标记之间，一行有几个单元格，在<tr>和</tr>标记之间就要有几对<td></td>标记。该标记中的文字会被自动设为左对齐显示。

在例 7-1 的代码中，<table>标记用到了 border 属性，其作用是给表格添加边框，如果去掉该属性，则表格默认无边框。默认情况下，表格的宽度和高度靠其自身的内容来决定。如果要进一步设置表格的外观样式，则可以通过定义 CSS 样式实现。

7.2.2　合并单元格

可以给单元格标记<td>或<th>添加 colspan 或 rowspan 属性合并单元格。合并单元格的方法如图 7-4 所示。

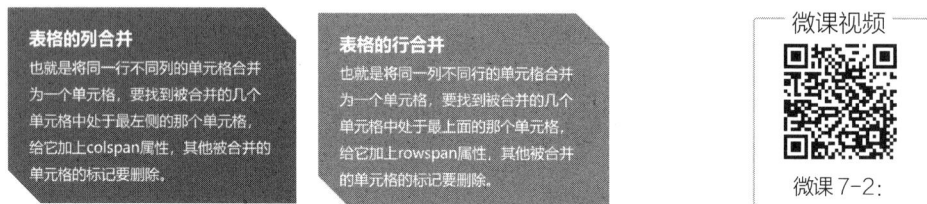

图7-4　合并单元格的方法

下面以列合并为例，举例说明单元格合并后的表格的创建。

例 7-2　在项目 chapter07 中新建一个网页文件，在网页上创建图 7-5 所示的表格，文件名为 example02.html，代码如下。

图7-5　单元格合并后的表格

```
<!DOCTYPE html>
<html>
<head>
    <meta charset="utf-8">
    <title>合并单元格</title>
</head>
<body>
    <h2>学生成绩表</h2>
    <table border="1">
        <tr>
            <th colspan="4">基本信息</th>  <!-- 列合并 4 个单元格 -->
            <th colspan="3">成绩信息</th>  <!-- 列合并 3 个单元格 -->
        </tr>
        <tr>
            <th>学号</th>
            <th>姓名</th>
            <th>性别</th>
            <th>班级</th>
            <th>Web 前端开发</th>
            <th>信息技术基础</th>
            <th>英语</th>
```

```
        </tr>
        <tr>
            <td>2023020101</td>
            <td>王大强</td>
            <td>男</td>
            <td>2023 级计应 1 班</td>
            <td>90</td>
            <td>47</td>
            <td>88</td>
        </tr>
        <tr>
            <td>2023020102</td>
            <td>于晓雪</td>
            <td>女</td>
            <td>2023 级计应 1 班</td>
            <td>89</td>
            <td>76</td>
            <td>90</td>
        </tr>
        <tr>
            <td>2023020103</td>
            <td>刘丽丽</td>
            <td>女</td>
            <td>2023 级计应 1 班</td>
            <td>79</td>
            <td>93</td>
            <td>53</td>
        </tr>
    </table>
</body>
</html>
```

例 7-2 的代码创建了一个 5 行 7 列的表格,在表格第一行的代码中分别使用 colspan 属性合并了第 1~4 列的单元格和第 5~7 列的单元格,因此表格第一行的代码中只写两对<th>标记就可以了。

微课视频

微课 7-3: 使用 CSS 定义表格样式

7.2.3　使用 CSS 定义表格样式

使用 CSS 定义表格样式,可以创建出各种美观的表格。表格常用的 CSS 属性如表 7-1 所示。

表7-1　　　　　　　　　　　　　　表格常用的CSS属性

属性	说明
width	设置表格的宽度,其值可以是像素值或者百分比
height	设置表格的高度,其值可以是像素值或者百分比
text-align	设置单元格中内容的水平对齐方式(默认左对齐,取值有 left、center、right)
vertical-align	设置单元格中内容的垂直对齐方式(默认垂直居中,取值有 top、middle、bottom)
padding	设置表格内容到表格边框之间的距离
border	设置表格的边框
border-collapse	设置表格的行和单元格的边框是否合并在一起(默认值 separate 表示边框独立,collapse 表示边框合并)

这些属性主要是控制表格的基础属性，而表格中内容的样式设置可以继续采用前面学习的有关文字的一些属性，如设置文字的颜色、大小、背景等。下面举例说明。

例 7-3 为例 7-2 创建的表格使用 CSS 属性定义样式，效果如图 7-6 所示，文件名为 example03.html，代码如下。

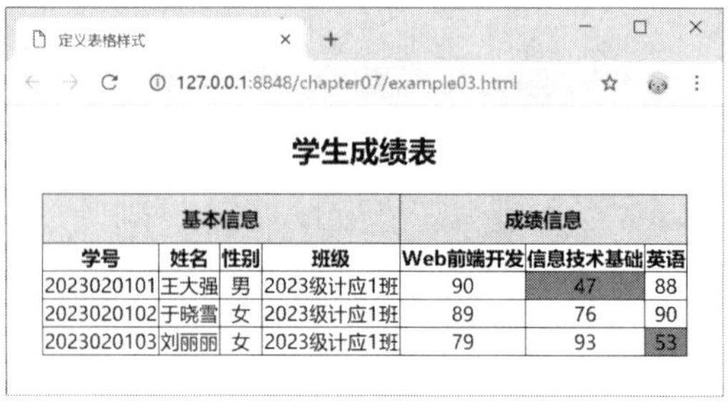

图7-6 定义表格样式

```html
<!DOCTYPE html>
<html>
<head>
    <meta charset="utf-8">
    <title>定义表格样式</title>
    <style type="text/css">
        h2 {
            text-align: center;
        }
        table {
            border: 1px solid #000;          /* 设置表格的边框 */
            border-collapse: collapse;       /* 表格的边框合并 */
            margin: 0 auto;
            text-align: center;
        }
        th, td {
            border: 1px solid #000;          /* 设置单元格的边框 */
        }
        tr:first-child {                     /* 设置表格第一行的样式 */
            background: #dedede;
            height: 40px;
        }
        .redTd {                             /* 设置成绩不及格的单元格的样式 */
            background:#F4696B;
        }
    </style>
</head>
<body>
<h2>学生成绩表</h2>
<table border="1">
    <tr>
        <th colspan="4">基本信息</th> <!-- 列合并 4 个单元格 -->
        <th colspan="3">成绩信息</th> <!-- 列合并 3 个单元格 -->
    </tr>
    <tr>
        <th>学号</th>
        <th>姓名</th>
        <th>性别</th>
```

```
            <th>班级</th>
            <th>Web 前端开发</th>
            <th>信息技术基础</th>
            <th>英语</th>
        </tr>
        <tr>
            <td>2023020101</td>
            <td>王大强</td>
            <td>男</td>
            <td>2023 级计应 1 班</td>
            <td>90</td>
            <td class="redTd">47</td>    <!-- 对单元格单独设置样式 -->
            <td>88</td>
        </tr>
        <tr>
            <td>2023020102</td>
            <td>于晓雪</td>
            <td>女</td>
            <td>2023 级计应 1 班</td>
            <td>89</td>
            <td>76</td>
            <td>90</td>
        </tr>
        <tr>
            <td>2023020103</td>
            <td>刘丽丽</td>
            <td>女</td>
            <td>2023 级计应 1 班</td>
            <td>79</td>
            <td>93</td>
            <td class="redTd">53</td>    <!-- 对单元格单独设置样式 -->
        </tr>
    </table>
</body>
</html>
```

在例 7-3 的代码中，分别为<table>、<th>、<td>标记设置了边框样式。使用 border-collapse 属性使表格的边框和单元格的边框合并，这样可以制作 1px 的实线边框。对于特殊的行和单元格，可以定义类样式来单独设置它们的样式。

tr:first-child 表示选取表格的第一行，:first-child 也是 CSS 的选择器，用于选取第一个元素，这样的选择器还有很多，同学们可以查阅 CSS3 手册。

微课视频

微课 7-4：
任务实现

7.3　任务实现

本节使用前面所学的表格标记搭建学生信息表的结构，并使用 CSS 定义表格样式。

7.3.1　搭建学生信息表结构

分析图 7-1 所示的学生信息表，该页面由标题和 8 行 7 列的表格构成。标题使用<h2>标记定义，表格使用<table>标记定义，表格的行使用<tr>标记定义，单元格使用<th>和<td>标记定义。表格和单元格的样式使用 CSS 定义。

在项目 chapter07 中新建一个网页文件，文件名为 students.html，打开该文件，搭建页面结构，代码如下。

```html
<!DOCTYPE html>
<html>
<head>
    <meta charset="utf-8">
    <title>学生信息表</title>
</head>
<body>
    <h2>学生信息表</h2>
    <table class="gridtable">
        <tr>
            <th rowspan="2">学号</th>
            <th colspan="3">个人信息</th>
            <th colspan="3">入学信息</th>
        </tr>
        <tr>
            <th>姓名</th>
            <th>性别</th>
            <th>年龄</th>
            <th>班级</th>
            <th>入学年月</th>
            <th>宿舍号</th>
        </tr>
        <tr>
            <td>2023020101</td>
            <td>王大强</td>
            <td>男</td>
            <td>16</td>
            <td>2023 计应 1 班</td>
            <td>2023 年 9 月</td>
            <td>202</td>
        </tr>
        <tr>
            <td>2023020102</td>
            <td>于晓雪</td>
            <td>女</td>
            <td>16</td>
            <td>2023 计应 1 班</td>
            <td>2023 年 9 月</td>
            <td>502</td>
        </tr>
        <tr>
            <td>2023020103</td>
            <td>刘丽丽</td>
            <td>女</td>
            <td>15</td>
            <td>2023 计应 1 班</td>
            <td>2023 年 9 月</td>
            <td>502</td>
```

```
            </tr>
            <tr>
                <td>2023020104</td>
                <td>刘雪飞</td>
                <td>女</td>
                <td>17</td>
                <td>2023 计应 1 班</td>
                <td>2023 年 9 月</td>
                <td>502</td>
            </tr>
            <tr>
                <td>2023020105</td>
                <td>李子海</td>
                <td>男</td>
                <td>16</td>
                <td>2023 计应 1 班</td>
                <td>2023 年 9 月</td>
                <td>202</td>
            </tr>
            <tr>
                <td>2023020106</td>
                <td>张君</td>
                <td>男</td>
                <td>16</td>
                <td>2023 计应 1 班</td>
                <td>2023 年 9 月</td>
                <td>202</td>
            </tr>
        </table>
    </body>
</html>
```

浏览网页，效果如图 7-7 所示。

图7-7 学生信息表结构

7.3.2 定义学生信息表 CSS 样式

搭建好表格结构后，使用 CSS 内部样式表设置表格各元素样式，将该部分代码放至<head>和</head>标记之间，代码如下。

```
<style type="text/css">
body,h2,table,th,td {
    margin: 0;
    padding: 0
```

```
    }
    h2 {
        text-align: center;
    }
    .gridtable {                             /* 定义类选择器的样式，应用到表格上 */
        width: 700px;
        height: 200px;
        margin: 0 auto;                      /* 让表格在浏览器中水平居中显示 */
        border: 1px solid #666;              /* 给表格添加边框*/
        border-collapse: collapse;           /* 合并表格的行和单元格边框，双线变单线 */
        font-family: "微软雅黑";
        font-size: 14px;
    }
    .gridtable th,.gridtable td       {      /* 设置表格单元格的样式 */
        border: 1px solid #666;              /* 给单元格加边框 */
        padding: 2px;                        /* 设置单元格中的内容与边框的距离 */
    }
    .gridtable th {
        background: #ddd;                    /* 设置表头单元格的背景颜色 */
    }
    .gridtable tr:hover {
        background: #FF0;                    /* 当鼠标指针移动到表格行上时高亮显示 */
    }
</style>
```

浏览网页，效果如图 7-1 所示。

上述样式表代码中，最关键的是给表格行添加:hover 选择器，设置鼠标指针悬停到表格行上时，表格行显示黄色背景。

任务小结

本任务围绕学生信息表的制作，介绍了表格标记、合并单元格的方法以及定义表格 CSS 样式等，最后完成了学生信息表的制作。本任务介绍的主要知识点如图 7-8 所示。

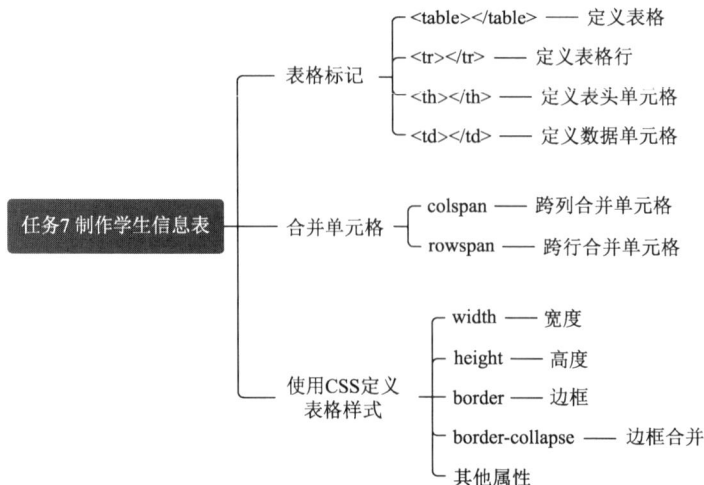

```
                                   ┌── <table></table> ── 定义表格
                  ┌── 表格标记 ────┤── <tr></tr> ── 定义表格行
                  │                ├── <th></th> ── 定义表头单元格
                  │                └── <td></td> ── 定义数据单元格
任务7 制作学生信息表 ┤── 合并单元格 ─┬── colspan ── 跨列合并单元格
                  │                └── rowspan ── 跨行合并单元格
                  │                ┌── width ── 宽度
                  │                ├── height ── 高度
                  └── 使用CSS定义 ──┼── border ── 边框
                       表格样式     ├── border-collapse ── 边框合并
                                   └── 其他属性
```

图7-8　任务7的主要知识点

习题 7

一、单项选择题

1. 以下说法正确的是（　　　）。

   A. \<table>是表单标记
   B. \<td>是表格行标记
   C. \<tr>是表格列标记
   D. \<table>是表格标记

2. 在 HTML 中，设置围绕表格边框的宽度的 HTML 代码是（　　　）。

   A. \<table　size=#>
   B. \<table　border=#>
   C. \<table　bordesize=#>
   D. tableborder=#>

3. 定义表头单元格的 HTML 标记是（　　　）。

   A. \<table>
   B. \<td>
   C. \<tr>
   D. \<th>

4. 合并多行单元格的 HTML 标记是（　　　）。

   A. \<th　colspan=#>
   B. \<th　rowspan="#">
   C. \<td　colspan=#>
   D. \<tr　rowspan=#>

二、判断题

1. 表格的列数，取决于一行中数据单元格的数量。　　　　　　　　　（　　　）
2. colspan 属性用来合并单元格的行。　　　　　　　　　　　　　　（　　　）
3. 只需要设置 border-collapse 属性就可以显示表格边框。　　　　　（　　　）
4. 表格的结构标记是必须设置的。　　　　　　　　　　　　　　　　（　　　）
5. 创建的表格在默认情况下是没有边框的。　　　　　　　　　　　　（　　　）

实训 7

一、实训目的

1. 练习创建表格的各种标记的使用方法。
2. 掌握定义表格 CSS 样式的方法。

二、实训内容

7-5: 实训 7
参考步骤

1. 创建网页，使用表格标记创建图 7-9 所示的课程表。

2. 创建网页，使用表格标记创建学生信息表，使用 CSS 设置表格的样式，使表格的数据行隔行显示不同的背景颜色，如图 7-10 所示。

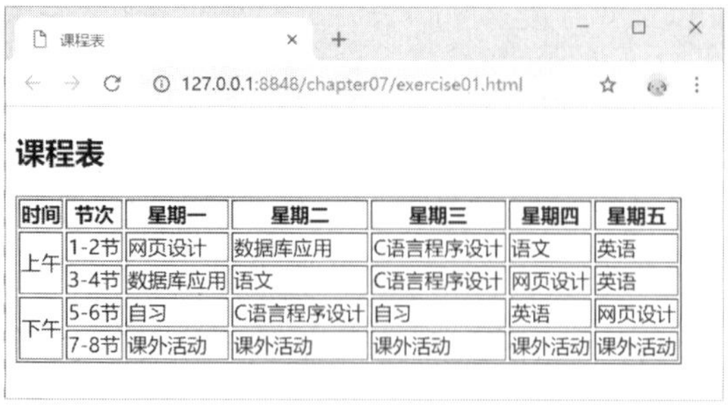

图7-9　第1题表格浏览效果

图7-10　第2题表格浏览效果

三、实训总结

1. 列出常用的表格标记及其常用的 CSS 属性。

2. 请思考在单元格中能否显示图像。

扩展阅读

表格布局

早期的网页版面采用表格进行布局。用表格布局页面，是指把要显示的网页元素分别放到表格的单元格中，这样可以精确定位每部分的内容。表格布局的优点是容易上手、结构简单，但存在以下缺点。

（1）用到的表格标记繁多，<table>、<tr>、<td>等标记大量出现，复杂的网页要用到表格的相互嵌套，这样会使代码的复杂度提高。

（2）不利于搜索引擎抓取信息，直接影响到网站的排名。

因此，现在的网页一般采用 HTML5+CSS3 布局，用表格布局页面的方式逐渐退出布局的"舞台"。但使用表格来呈现学生信息表、通讯录等表格还是很有必要的。

任务8

制作学生问卷调查表单

08

情景导入

　　李华今天在网上填写了一个调查问卷，于是他向张老师请教如何创建调查问卷？张老师告诉他，创建调查问卷就是创建表单。本任务我们就和李华一起来学习表单的创建。表单是 HTML 的一个重要部分，主要用于采集和提交用户输入的信息，它是 Web 前端实现人机交互必不可少的元素。通过本任务，同学们可以掌握表单的创建和样式设置方法，能轻松制作网页中类似的表单。

学习及素养目标

◎ 掌握创建表单的 HTML 标记；

◎ 掌握创建表单的常用控件；

◎ 掌握表单的 CSS 样式设置方法；

◎ 养成理论联系实际，求真务实的职业精神。

8.1　任务描述

制作学生问卷调查表单，浏览效果如图 8-1 所示，具体要求如下。

（1）定义表单域。

（2）使用表单控件定义各输入控件。

（3）使用<input>标记的按钮属性定义提交和重置按钮。

（4）通过 CSS 整体控制表单样式。

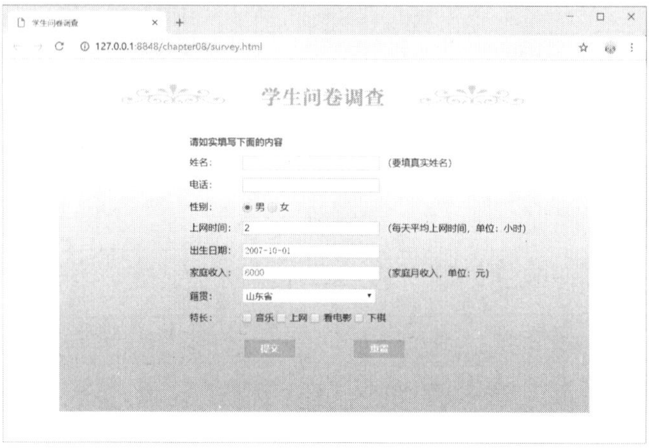

图8-1　学生问卷调查表单

8.2　知识准备

在网页中，如果需要用户输入信息，如用户登录和注册时，就可以使用表单元素来实现。此外，HTML5 还提供了表单验证功能，使用起来非常方便。

学习表单首先需要认识表单及常用的表单控件，并学会使用 CSS 设置表单样式。

8.2.1　认识表单

学习表单之前，需要先了解表单的概念。表单是实现浏览者与网站服务器之间信息交互的一种网页对象。图 8-2 所示是登录表单。

表单是允许浏览者进行输入的区域，网站服务器可以使用表单从客户端收集信息。浏览者在表单中输入信息，然后将这些信息提交给网站服务器，服务器中的应用程序会对这些信息进行处理并响应，这样就完成了浏览者和网站服务器之间的交互。

微课视频

微课 8-1：表单及表单标记

HTML5 新增了很多表单控件，完善了表单的功能，提供了更好的用户体验和输入控制。

在网页中，一个完整的表单通常由表单域、提示信息和表单控件 3 部分构成。

（1）表单域（<form>标记）：<form>标记表示包含框，即包含表单控件的容器。

（2）提示信息：表单控件周围用于提示输入内容的文字。

（3）表单控件（<input>标记等）：用于输入用户信息的控件，如文本框、密码框、单选按钮、复选框和按钮等。

通过登录表单可以看出，该表单域包含的表单控件是2个输入框和2个按钮，提示信息是"用户名"和"密码"。

图8-2　登录表单

8.2.2　表单标记

表单是一个包含表单控件的容器，表单控件允许用户在表单中使用表单域输入信息。可以使用<form>标记在网页中创建表单。<form>标记是成对出现的，在开始标记<form>和结束标记</form>之间的部分就是表单。

<form>标记的基本语法格式如下。

```
<form name="表单名称" action="URL" method="提交方式">
…
</form>
```

<form>标记主要用于处理和传送表单信息，其常用属性的含义如下。

（1）name 属性。指定表单名称，以区分同一个页面中的多个表单。

（2）action 属性。指定处理表单信息的服务器的 URL。

（3）method 属性。设置表单数据的提交方式，其取值为 get 或 post。其中，get 为默认值，以这种方式提交的数据将显示在浏览器的地址栏中，保密性差，且有数据量的限制。而 post 方式的保密性好，并且无数据量的限制，使用 method="post"可以提交大量数据。

> **注意**　<form>标记的属性并不会直接影响表单的显示效果。要想让一个表单有意义，就必须在<form>与</form>标记之间添加相应的表单控件。

8.2.3　表单控件

表单通常包含一个或多个表单控件，登录表单包括两个输入框和两个按钮控件，如图 8-3 所示。

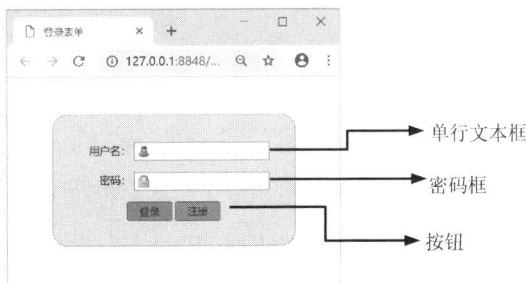

图8-3　登录表单中的控件

接下来介绍表单的常用控件。

微课视频

微课 8-2：
input 控件

1. \<input>控件

\<input>控件即\<input>标记，表单中最为核心的是\<input>标记，使用\<input>标记可以定义很多控件，如单行文本框、单选按钮、复选框、提交按钮、重置按钮等。格式如下。

```
<input  type="控件类型"
```

> **说明**
>
> \<input>标记为单标记，type 属性为其最基本的属性，其取值有多种，用于指定不同的控件类型。除了 type 属性（见表 8-1）之外，\<input>标记还可以定义很多其他的属性，如表 8-2 所示。

表8-1　　　　　　　　　　　　　　\<input>控件的type属性

属性	属性值	作用
type	text	单行文本框
	password	密码框
	radio	单选按钮
	checkbox	复选框
	button	普通按钮
	submit	提交按钮
	reset	重置按钮
	number	数值输入框
	date	日期输入框
	tel	电话号码输入框

表8-2　　　　　　　　　　　　　　\<input>控件的其他属性

属性	属性值	作用
name	由用户自定义	设置控件的名称
value	由用户自定义	设置\<input>控件中的默认文本值
readonly	readonly	设置该控件内容为只读（不能编辑修改）
checked	checked	定义控件中默认被选中的项
min、max、step	数值	设置最小值、最大值及步进值
placeholder	字符串	设置提示
required	required	设置输入框不能为空

下面通过创建登录表单介绍\<input>控件的使用。

例 8-1　　在 HBuilderX 中新建空项目，项目名称为 chapter08，在项目内新建网页文件，创建登录表单，浏览效果如图 8-4 所示，文件名为 example01.html，代码如下。

图8-4　登录表单

```
<!DOCTYPE html>
<html>
```

```
<head>
    <meta charset="utf-8">
    <title>登录表单</title>
</head>
<body>
    <form action="" method="get">
        <p><span>用户名: </span>
            <input name="txtUsername" type="text">
        </p>
        <p><span>密码: </span>
            <input name="txtPwd" type="password">
        </p>
        <p>
            <input name="btnLogin" type="submit" value="登录">
            <input name="btnReg" type="button" value="注册">
        </p>
    </form>
</body>
</html>
```

浏览网页,效果如图 8-4 所示。

例 8-1 的代码中,使用<input>控件创建了一个单行文本框、一个密码框和两个命令按钮。

微课视频

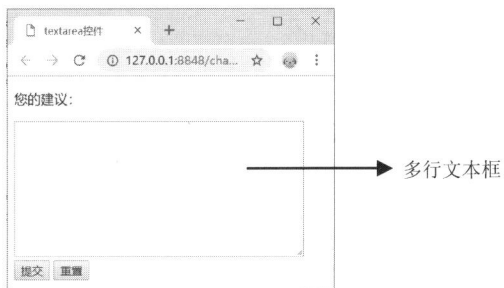

微课 8-3:
textarea 控件

2. <textarea>控件

当定义<input>控件的 type 属性值为 text 时,可以创建一个单行文本框。如果需要输入大量信息,且字数没有限制,就需要使用<textarea>标记。例如,输入个人简历时的控件就是<textarea>控件。其基本语法格式如下。

```
<textarea  cols="每行中的字符数"  rows="显示的行数">
    文本内容
</textarea>
```

说明　在上面的语法格式中,cols 和 rows 为<textarea>标记的必选属性,其中 cols 用来定义多行文本框中每行中的字符数,rows 用来定义多行文本框显示的行数,它们的取值均为正整数。

注意　各浏览器对 cols 和 rows 属性的支持不同,当对<textarea>控件应用 cols 和 rows 属性时,多行文本框在各浏览器中的显示效果可能会有差异。所以在实际工作中,更常用的方法是使用 CSS 的 width 和 height 属性来定义多行文本框的宽度和高度。

例 8-2　在项目 chapter08 中新建一个网页文件,使用<textarea>控件添加多行文本框,文件名为 example02.html,浏览效果如图 8-5 所示,代码如下。

```
<!DOCTYPE html>
<html>
<head>
    <meta charset="utf-8">
```

多行文本框

图8-5　<textarea>控件

```
        <title>textarea 控件</title>
    </head>
    <body>
        <form action="#" method="get">
            <p>您的建议: </p>
            <textarea name="suggest" cols="50" rows="10" required></textarea><br>
            <input type="submit" value="提交">
            <input type="reset" value="重置">
        </form>
    </body>
</html>
```

浏览网页，效果如图 8-5 所示。

例 8-2 的代码中，使用<textarea>控件添加多行文本框，为其设置了 rows 和 cols 属性，表示多行文本框的行数和每行的字符数，为其设置了 required 属性，表示该多行文本框不能为空。

3. <select>控件

<select>控件用于提供下拉列表选项，供用户选择。下拉列表中的选项通过<option>标记来定义。例如，在用户注册表单中，职业的选择就是使用下拉列表实现的。其基本语法格式如下。

```
<select>
        <option value="1">第一个选项</option>
        <option value="2">第二个选项</option>
        <option value="3">第三个选项</option>
</select>
```

> **说明**　在上面的语法格式中，<select>和</select>标记用于在表单中添加一个下拉列表，<option>和</option>标记用于定义下拉列表中的具体选项，每对<select>和</select>标记之间至少应包含一对<option>和</option>标记。

接下来通过例 8-3 介绍<select>控件的使用。

例 8-3　在项目 chapter08 中新建一个网页文件，使用<select>控件创建下拉列表，文件名为 example03.html，浏览效果如图 8-6 所示，代码如下。

图8-6　<select>控件

```
<!DOCTYPE html>
<html>
<head>
    <meta charset="utf-8">
    <title>select 控件</title>
</head>
<body>
    希望工作的城市:
    <select>
        <option selected="selected">北京市</option>
        <option>上海市</option>
        <option>青岛市</option>
```

```
        <option>济南市</option>
    </select>
</body>
</html>
```

浏览网页，效果如图 8-6 所示。

例 8-3 的代码中，使用<select>控件添加下拉列表，为第一个<option>设置了 selected="selected"
属性，表示该选项是默认选中的。

8.2.4 使用 CSS 定义表单样式

下面通过案例说明如何使用 CSS 定义表单样式。

例 8-4 对例 8-1 中创建的登录表单，使用 CSS 定义表单样式，效果如图 8-7 所示，文
件名为 login.html。

图8-7 使用CSS定义表单样式

微课视频

微课 8-5：使
用CSS定义
表单样式

在登录表单结构中，给两个输入框和两个命令按钮分别使用 class 属性添加
类.num、.pass、.btn1 和.btn2，在<head>标记中，添加内部样式表，完整代码如下。

```
<!DOCTYPE html>
<html>
<head>
    <meta charset="utf-8">
    <title>登录表单</title>
    <style type="text/css">
        body,form,input,p {          /* 重置浏览器的默认样式 */
            margin: 0;
            padding: 0;
            border: 0;
        }
        body {                       /* 全局控制 */
            font-family: "微软雅黑";
            font-size: 14px;
        }
        form {                       /* 表单的样式 */
            width: 320px;
            height: 150px;
            padding-top: 20px;
            margin: 50px auto;
            background: #d2f8ff;
            border-radius: 20px;     /* 设置圆角半径 */
```

```
            border: 1px solid #3bb7ea;
        }
        p {
            margin-top: 15px;
            text-align: center;
        }
        p span {                        /* 提示文本的样式 */
            display: inline-block;      /* 行元素转换为行内块元素，可以设置宽度 */
            width: 70px;
            text-align: right;          /* 文本右对齐 */
        }
        .num,.pass {                    /* 两个文本框的样式 */
            width: 152px;
            height: 18px;
            border: 1px solid #38a1bf;
            padding: 2px 2px 2px 22px;
        }
        .num {                          /* 设置第一个文本框的背景 */
            background: url(images/1.jpg) no-repeat 5px center #FFF;
        }
        .pass {                         /* 设置第二个文本框的背景 */
            background: url(images/2.jpg) no-repeat 5px center #FFF;
        }
        .btn1,.btn2 {                   /* 设置两个按钮的样式 */
            width: 60px;
            height: 25px;
            border: 1px solid #6b5d50;
            border-radius: 3px;
            margin-top: 10px;
        }
        .btn1 {                         /* 设置第一个按钮的背景色 */
            background: #3bb7ea;
        }
        .btn2 {                         /* 设置第二个按钮的背景色 */
            background: #fb8c16;
        }
    </style>
</head>
<body>
    <form action="" method="get">
        <p><span>用户名: </span>
            <input name="txtUsername" type="text" class="num">
        </p>
        <p><span>密码: </span>
            <input name="txtPwd" type="password" class="pass">
        </p>
        <p>
            <input name="btnLogin" type="submit" value="登录" class="btn1">
            <input name="btnReg" type="button" value="注册" class="btn2">
        </p>
    </form>
</body>
</html>
```

浏览页面，效果如图 8-7 所示。

使用 CSS 可以轻松定义表单控件的样式，主要体现在定义表单控件的字体、边框、背景和内边距等。

在使用 CSS 定义表单样式时，初学者还需要注意以下几个问题。

（1）由于 form 是块元素，所以修改页面的默认样式时，需要清除其内边距 padding 和外边距 margin。

（2）<input>标记默认有边框，当使用<input>标记定义各种按钮时，通常需要清除其边框。

（3）通常情况下，需要为单行文本框和密码框设置 2～3px 的内边距，以使用户输入的内容不会紧贴输入框。

8.3　任务实现

本节使用前面所学的表单知识搭建学生问卷调查表单结构，并使用 CSS 定义表单样式。

微课视频

微课 8-6：
任务实现

8.3.1　搭建学生问卷调查表单页面结构

分析图 8-1 所示的学生问卷调查表单，该页面的所有内容包含在最外层的大盒子中，大盒子添加了背景图像，表单每行左边的提示信息和右边的表单控件及提示信息放入<p>标记。最后使用 CSS 对所有元素定义样式。

在项目 chapter08 中新建一个网页文件，文件名为 survey.html，打开该文件，搭建页面结构，代码如下。

```html
<!DOCTYPE html>
<html>
<head>
    <meta charset="utf-8">
    <title>学生问卷调查</title>
</head>
<body>
    <div class="bg">
        <form action="#" method="get">
            <p class="red">请如实填写下面的内容</p>
            <p><span>姓名: </span>
                <input type="text" name="txtName" required>
                （要填真实姓名）
            </p>
            <p><span>电话: </span>
                <input type="tel" name="telphone" required>
            </p>
            <p><span>性别: </span>
                <input type="radio" name="gender" checked class="spe">
                男
                <input type="radio" name="gender" class="spe">
                女
            </p>
            <p><span>上网时间: </span>
```

```
                <input type="number" name="hour" value="2" min="0" max="24">
                （每天平均上网时间，单位：小时）
            </p>
            <p><span>出生日期: </span>
                <input type="date" name="birthday" value="2007-10-01">
            </p>
            <p><span>家庭收入: </span>
                <input type="number" name="income" placeholder="8000">
                （家庭月收入，单位：元）
            </p>
            <p><span>籍贯: </span>
                <select>
                    <option>江苏省</option>
                    <option selected="selected">山东省</option>
                    <option>湖北省</option>
                    <option>浙江省</option>
                </select>
            </p>
            <p><span>特长: </span>
                <input type="checkbox" name="music" class="spe">
                音乐
                <input type="checkbox" name="internet" class="spe">
                上网
                <input type="checkbox" name="movie" class="spe">
                看电影
                <input type="checkbox" name="xiaqi" class="spe">
                下棋
            </p>
            <p class="btn">
                <input type="submit" value="提交">
                <input type="reset" value="重置">
            </p>
        </form>
    </div>
</body>
</html>
```

浏览网页，效果如图 8-8 所示。

图8-8　学生问卷调查表单页面结构

8.3.2 使用 CSS 定义学生问卷调查表单页面样式

搭建表单结构后，使用 CSS 内部样式表定义表单各元素样式，将该部分代码放至\<head\>和\</head\>标记之间，样式表代码如下。

```css
<style type="text/css">
    body, form, input, select, p {  /* 修改页面的默认样式 */
        padding: 0;
        margin: 0;
        border: 0;
    }
    body { /*全局控制*/
        font-size: 14px;
        font-family: "微软雅黑";
    }
    .bg {
        width: 800px;
        height: 500px;
        margin: 20px auto;
        background: url(images/bg3.jpg) no-repeat;
    }
    form {
        width: 600px;
        height: 420px;
        padding-left: 200px;        /* 使文字内容向右移动 */
        padding-top: 80px;
    }
    .red {
        color: #F00;
        font-weight: bold;
    }
    p {
        margin-top: 12px;
    }
    p span {
        width: 75px;
        display: inline-block;      /* 将行内元素转换为行内块元素 */
        text-align: left;
    }
    p input{
        width: 200px;
        height: 15px;
        line-height: 15px;
        border: 1px solid #d4cdba;
        padding: 2px;               /* 设置输入框与输入内容之间的距离 */
    }
    p input.spe {
        width: 15px;
        height: 15px;
        border: 0;
        padding: 0;
        vertical-align:middle;
    }
    p select{
```

```
        width: 200px;
        height: 22px;
        line-height: 22px;
        border: 1px solid #d4cdba;
    }
    .btn input {                    /* 设置两个按钮的宽度、高度、边距及边框等 */
        width: 80px;
        height: 30px;
        background: #ffaa00;
        margin-top: 10px;
        margin-left:80px;
        border-radius: 3px;         /* 设置圆角半径 */
        font-size: 14px;
        color: #fff;
    }
    </style>
```

浏览网页，效果如图8-1所示。

任务小结

本任务围绕学生问卷调查表单的制作，介绍了表单的创建，主要包括表单相关标记以及如何使用 CSS 定义表单的样式，最后综合利用这些知识完成了学生问卷调查表单的制作。本任务介绍的主要知识点如图8-9所示。

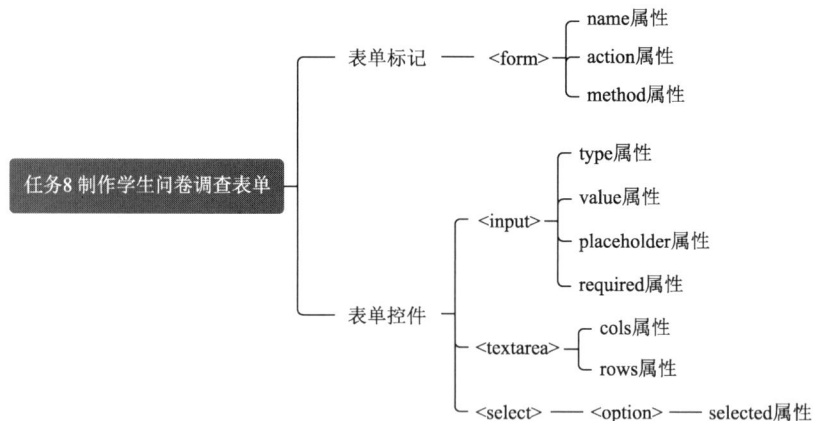

图8-9 任务8的主要知识点

习题 8

一、单项选择题

1. 下面关于表单的叙述错误的是（　　　）。

    A. 表单是用户与网站实现交互的重要手段　　B. 表单可以收集用户的信息

    C. 表单是网页上的一个特定区域　　　　　　D. 表单是由一对<table>标记组成的

2. 要建立一个输入单行文字的文本框，下面代码正确的是（　　　）。

    A. <input>　　　　　　　　　　　　　　B. <input type="text">

C.　<input type="radio">　　　　　　　　D.　<input type="password">

3.　要建立一个密码框，<input>标记的 type 属性的属性值应该等于（　　　）。

　　　A.　password　　　　B.　radio　　　　C.　text　　　　D.　image

4.　下面这段代码中，哪种颜色为加载页面后默认选中的颜色？（　　　）

```
<form>
      红色<input type="checkbox" checked="checked">
      黄色<input type="checkbox">
      蓝色<input type="checkbox">
      白色<input type="checkbox">
</form>
```

　　　A.　红色　　　　　　B.　黄色　　　　　　C.　蓝色　　　　　　D.　白色

5.　关于下列代码片段分析正确的是（　　　）。

```
<form name="form" action="register.html" method="post">
…
</form>
```

　　　A.　表单的名称是 form

　　　B.　表单的数据提交的位置是 post

　　　C.　表单提交的数据将会出现在地址栏中

　　　D.　提交表单后，用户输入的数据会附加在 URL 之后

6.　创建一个多行文本框所需的标记是（　　　）。

　　　A.　<input>　　　B.　<select>　　　C.　<option>　　　D.　<textarea>

7.　创建下拉列表，下面标记正确的是（　　　）。

　　　A.　<select></select>　　　　　　　　B.　<option></option>

　　　C.　<select><option></option></select>　　　D.　<option><select></option>

8.　在 HTML 中，关于表单提交方式说法错误的是（　　　）。

　　　A.　action 属性用来设置表单的提交方式

　　　B.　表单提交有 get 和 post 两种方式

　　　C.　post 方式比 get 方式安全

　　　D.　用 post 方式提交的数据不会显示在地址栏，而用 get 方式时会显示

9.　在 HTML 中，将表单中 input 元素的 type 属性值设置为哪个选项，可用于创建重置按钮？（　　　）

　　　A.　reset　　　　　　B.　set　　　　　　C.　button　　　　　　D.　image

10.　在 HTML 中，表单中的 input 元素的 type 属性值不可以是（　　　）。

　　　A.　password　　　B.　radiobutton　　　C.　text　　　　D.　submit

二、判断题

1.　在 HTML 中，<form>标记用于定义表单域，即创建一个表单，以实现网站对用户信

息的收集和传递。   （   ）

2. 在 HTML5 中，checked="checked"可以简写为 checked，readonly="readonly"可以简写为 readonly。   （   ）

3. <form>标记的 method 属性默认值为 post。   （   ）

4. 将<input>标记的 type 属性设置为 text 时，该控件既可以用于输入多行文本，也可以用于输入单行文本。   （   ）

实训 8

一、实训目的

1. 练习创建表单的各种标记的用法。
2. 掌握使用 CSS 定义表单样式的方法。

二、实训内容

制作简单的交规考试答卷页面，如图 8-10 所示。

8-7：实训 8
参考步骤

图8-10   选择题页面浏览效果

三、实训总结

写出常用的表单控件及其各自的作用。

扩展阅读

表单验证

表单可以收集用户提交的信息，例如姓名、邮箱、电话等。用户在填写这些信息时，有可能出现一些错误，例如输入手机号时漏掉了一位、电子邮箱的格式不正确等。我们可以使用 JavaScript 在提交表单数据到服务器之前对数据进行检查，即进行表单验证，确认表单数据无误后再发送到服务器。关于使用 JavaScript 来验证表单的内容，感兴趣的同学可以自行探索学习。

任务9

制作学院风景墙页面

情景导入

　　为了展示学院的美丽风光，李华想制作一个学院风景墙页面，他来请教张老师，张老师告诉他可以使用 CSS3 的过渡、变形等属性来制作炫丽的展示效果。本任务我们和李华一起来学习过渡和变形等属性，完成学院风景墙页面的制作。通过本任务，同学们可以掌握使用 CSS3 实现图片动画效果的各种方法。

学习及素养目标

◎ 掌握通过过渡属性 transition 生成过渡动画的方法；

◎ 掌握通过变形属性 transform 实现 2D 变形的方法；

◎ 培养创新思维、激发学习内驱力。

9.1　任务描述

创建学院风景墙页面，实现风景图片变形效果。当鼠标指针移动到风景图片上时，每张风景图片实现不同的变形效果，网页浏览效果如图 9-1 所示，具体要求如下。

（1）在页面中放入 6 张图片，图片大小为 240px×240px。鼠标指针移动到图片上时，显示相应的动画效果。

（2）鼠标指针移动到第一张图片上时，将图片变为圆形。

（3）鼠标指针移动到第二张图片上时，将图片逆时针旋转 60°。

（4）鼠标指针移动到第三张图片上时，将图片顺时针旋转 360°。

（5）鼠标指针移动到第四张图片上时，给图片添加阴影并且将照片逆时针旋转 10°。

（6）鼠标指针移动到第五张图片上时，将图片逆时针旋转 360°。

（7）鼠标指针移动到第六张图片上时，将图片放大 1.2 倍。

图9-1　学院风景墙

9.2　知识准备

CSS3 动画是指元素从一种样式逐渐改变为另一种样式的过程，通俗地讲，就是样式的转换过程。CSS3 用于制作动画的属性主要有 transition、transform 和 animation，分别用于实现过渡、变形和动画，使用这些属性实现的动画可以部分代替以往用 JavaScript 或 Flash 实现的动画。

9.2.1　过渡属性

CSS3 提供了强大的过渡属性，可在元素从一种样式转变为另一种样式时添加效果，如颜色和形状的变换等。过渡效果使用过渡属性 transition 来定义，过渡属性是一个复合属性，它包含一系列子属性，主要包括 transition-property、transition-duration、transition-timing-function、transition-delay 等。表 9-1 所示为过渡属性的说明。

微课视频

微课 9-1：
过渡属性

表9-1　　　　　　　　　　　　　　　　　　　　　　过渡属性的说明

属性名	作用	属性值	描述
transition-property	指定应用过渡效果的 CSS 属性名称	none	没有属性会获得过渡效果
		all	所有属性都将获得过渡效果
		property	定义获得过渡效果的 CSS 属性名称，多个名称之间以逗号分隔
transition-duration	定义过渡效果花费的时间	time	默认值为 0,常用单位是秒(s)或毫秒(ms)
transition-timing-function	定义过渡效果的速度曲线	ease	慢速开始，中间变快，最后慢速结束的过渡效果，默认值
		linear	以相同速度开始至结束的过渡效果
		ease-in	慢速开始，逐渐加快的过渡效果
		ease-out	慢速结束的过渡效果
		ease-in-out	慢速开始和结束的过渡效果
		cubic-bezier	特殊的立方贝塞尔曲线过渡效果，它的值为 0~1
transition-delay	定义过渡效果的延迟时间	time	默认值为 0,常用单位是秒(s)或毫秒(ms)
transition	综合设置过渡的所有属性值	property duration timing-function delay	按照各属性顺序用一行代码设置 4 个参数值，属性顺序不能颠倒

例 9-1　在 HBuilderX 中新建空项目，项目名称为 chapter09，在项目内新建一个网页文件，使用 transition 的子属性设置过渡效果，文件名为 example01.html，代码如下。

```
<!DOCTYPE html>
<html>
<head>
    <meta charset="utf-8" />
    <title>背景颜色过渡</title>
    <style type="text/css">
        .box{
            width:300px;
            height:300px;
            background-color:#f00;
            margin:50px auto;
            transition-property:background;              /* 设置应用过渡效果的属性 */
            transition-duration:0.5s;                    /* 过渡效果花费的时间 */
            transition-timing-function:ease-in-out;      /* 过渡效果 */
            transition-delay:0s;                         /* 过渡效果的延迟时间 */
        }
        .box:hover{                                      /* 设置鼠标指针移动到块元素上时的状态 */
            background:#00f;                             /* 改变背景颜色*/
        }
    </style>
</head>
<body>
    <div class="box">过渡属性</div>
</body>
</html>
```

代码中设置了应用过渡效果的属性、过渡效果花费的时间、过渡效果和过渡效果的延迟时间，当鼠标指针经过块元素时，背景颜色产生过渡效果，如图 9-2 和图 9-3 所示。

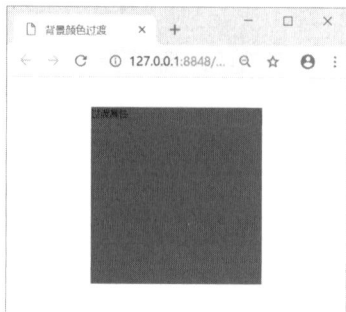

图9-2　鼠标指针未经过块元素时的预览效果

图9-3　鼠标指针经过块元素时的预览效果

在上述样式代码中，分别设置了 transition-property、transition-duration、transition-timing-function 和 transition-delay 属性。为了简化代码，可使用 transition 属性进行综合设置，只需一行代码，代码如下。

```css
.box{
    width:300px;
    height:300px;
    background-color:#f00;
    margin:50px auto;
    transition:background 0.5s ease-in-out;   /* 综合设置过渡效果，最后一个值为 0，可以省略 */
}
```

> **说明**　使用 transition 属性设置过渡效果时，它的各个参数必须按照顺序来定义，不能颠倒；第三个和第四个参数可以省略，省略时表示以 ease 对应的效果过渡，过渡效果的延迟时间为 0s。

例 9-2　在项目 chapter09 中新建一个网页文件，使用 transition 属性设置块元素的多种过渡效果，文件名为 example02.html，代码如下。

```html
<!DOCTYPE html>
<html>
<head>
    <meta charset="utf-8">
    <title>多种过渡效果</title>
    <style type="text/css">
        .box{
            width:300px;
            height:300px;
            background-color:#FF0000;
            border:3px #0f0 solid;
            margin:50px auto;
            transition:all 1s ease-in;   /* 设置应用过渡效果的是所有属性，花费的时间为 1s，过
渡效果是慢速开始、逐渐加快的 */
        }
        .box:hover{
            border:3px solid #f00;
            background-color:#0f0;
            border-radius:150px;
            box-shadow:5px 5px 10px #000;
        }
```

```
        </style>
    </head>
    <body>
        <div class="box"></div>
    </body>
</html>
```

上述代码设置了块元素边框、背景颜色、圆角半径和阴影的过渡效果，当鼠标指针经过块元素时，块元素的边框样式、背景颜色、圆角半径和阴影都产生了过渡效果，如图 9-4 和图 9-5 所示。

图9-4 鼠标指针未经过块元素时的预览效果

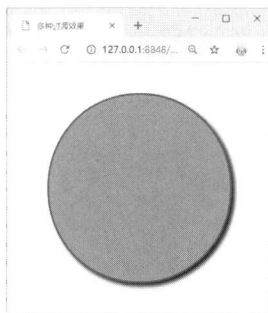

图9-5 鼠标指针经过块元素时的预览效果

例 9-3 在项目 chapter09 中新建一个网页文件，使用 transition 属性设置图像的过渡效果，文件名为 example03.html，代码如下。

```
<!DOCTYPE html>
<html>
<head>
    <meta charset="utf-8">
    <title>图像的过渡效果</title>
    <style type="text/css">
        .photo{
            width:300px;
            height:300px;
            border:3px solid #FF0000;
            margin:50px auto;
            background: url(images/pic1.jpg) no-repeat center center;
            transition:all 0.5s ease-in-out;    /* 过渡效果 */
        }
        .photo:hover{
            background: url(images/pic2.jpg) no-repeat center center;
            border:3px solid #ff0;
            border-radius:50%;
        }
    </style>
</head>
<body>
    <div class="photo"></div>
</body>
</html>
```

上述代码设置了块元素背景图像、边框和圆角半径的过渡效果，当鼠标指针经过块元素时，块元素的背景图像、边框和圆角半径都产生了过渡效果，如图 9-6 和图 9-7 所示。

图9-6　鼠标指针未经过块元素时的效果

图9-7　鼠标指针经过块元素时的效果

例 9-4　在项目 chapter09 中新建一个网页文件，使用 transition 属性定义图片遮罩效果，文件名为 example04.html，代码如下。

```html
<!DOCTYPE html>
<html>
<head>
    <meta charset="utf-8">
    <title>图片遮罩效果</title>
    <style type="text/css">
        .box {
            width: 266px;
            height: 250px;
            border: 1px solid #ccc;
            background: url(images/shuiguo.png) 0 0 no-repeat;
            margin: 20px auto;
            position: relative;            /* 相对定位 */
            overflow: hidden;              /* 隐藏溢出的内容 */
        }
        .box hgroup {                      /* 定义遮罩属性 */
            position: absolute;            /* 绝对定位 */
            left: 0;
            top: -250px;                   /* 在块元素的上方，不可见 */
            width: 266px;
            height: 250px;
            background: rgba(0, 0, 0, 0.5); /* 半透明 */
        }
        .box:hover hgroup {
            position: absolute;            /* 绝对定位 */
            left: 0;
            top: 0;
            transition: all 0.5s ease-in;  /* 过渡效果 */
        }
        . box hgroup h2:nth-child(1) {     /* 设置第一个h2元素的样式 */
            font-size: 22px;
            text-align: center;
            color: #fff;
            font-weight: normal;
            margin-top: 58px;
        }
        . box hgroup h2:nth-child(2) {     /* 设置第二个h2元素的样式 */
            font-size: 14px;
            text-align: center;
            color: #fff;
```

微课视频

微课 9-2：
遮罩效果

```
                font-weight: normal;
                margin-top: 15px;
            }
            .box hgroup h2:nth-child(3) {          /* 设置第三个 h2 元素的样式 */
                width: 26px;
                height: 26px;
                margin-left: 120px;
                margin-top: 15px;
                background: url(images/jiantou.png) 0 0 no-repeat;
            }
            .box hgroup h2:nth-child(4) {          /* 设置第四个 h2 元素的样式 */
                width: 75px;
                height: 22px;
                margin-left: 95px;
                margin-top: 25px;
                background: url(images/anniu.png) 0 0 no-repeat;
            }
    </style>
</head>
<body>
    <div class="box">
        <hgroup>
            <h2>一品水果 唇齿留香</h2>
            <h2>泰国黑金刚莲雾</h2>
            <h2></h2>
            <h2></h2>
        </hgroup>
    </div>
</body>
</html>
```

上面的结构代码中，使用<hgroup>标记表示标题的组合标记。

上面的样式代码中，使用:nth-child()选择器选择元素。对块元素使用position属性定义相对定位，对遮罩使用 position 属性定义绝对定位。开始时，遮罩在盒子的上方不可见，鼠标指针经过盒子时，再通过绝对定位使遮罩可见。关于定位的知识，同学们可以查阅 CSS3 手册进行详细了解。使用 transition 属性使鼠标指针经过图片时产生图片遮罩效果，如图9-8 和图 9-9 所示。

图9-8　鼠标指针未经过图片时的效果

图9-9　鼠标指针经过图片时的效果

9.2.2　变形属性

CSS3 中与动画相关的第二个属性是 transform 属性，其翻译成中文是"改变、转换"，它可以实现元素的变形效果，如移动、倾斜、缩放以及翻转等。通过 transform 属性的变形函数能对元素进行 2D 变形或 3D 变形，下面来介绍一下 2D 变形。

在 CSS3 中，2D 变形主要包括平移、缩放、倾斜、旋转 4 种变化效果。

（1）translate(x,y)——平移

translate(x,y)函数用于重新定义元素的坐标，该函数的两个参数分别定义元素的水平和垂直坐标，参数值为像素值或者百分比，当参数值为负数时，表示反方向移动元素（向上和向左移动）。如果第二个参数省略，则取默认值 0。也可以使用 translateX(x)和 translateY(y)分别设置这两个参数。

例 9-5　在项目 chapter09 中新建一个网页文件，使用 translate(x,y)函数定义平移效果，文件名为 example05.html，代码如下。

```html
<!DOCTYPE html>
<html>
<head>
    <meta charset="utf-8">
    <title>平移效果</title>
    <style type="text/css">
        div {
            width: 100px;
            height: 100px;
            background-color: lightcoral;
            }
        #box2{
            transform: translate(100px,30px);/* 设置水平向右移动100px,垂直向下移动30px */
        }
    </style>
</head>
<body>
    <div id="box1">原始效果</div>
    <div id="box2">平移效果</div>
</body>
</html>
```

在上述代码中，通过 translate()函数将第二个盒子水平向右移动 100px，垂直向下移动 30px，网页效果如图 9-10 所示。

（2）scale(x,y)——缩放

scale(x,y)函数用于设置元素的缩放效果，该函数的两个参数分别定义元素在水平和垂直方向的缩放倍数，参数值为大于 1 的正数、负数和大于 0 且小于 1 的小数，不需要加单

图9-10　通过translate()函数实现平移

位，其中大于 1 的正数用于放大元素，负数用于翻转元素后再缩放元素，大于 0 且小于 1 的小数用于缩小元素。如果第二个参数省略，则第二个参数默认等于第一个参数。也可以使用 scaleX(x)和 scaleY(y)分别设置这两个参数。

例 9-6　在项目 chapter09 中新建一个网页文件，使用 scale(x,y)函数定义缩放效果，文件名为 example06.html，代码如下。

```html
<!DOCTYPE html>
<html>
<head>
    <meta charset="utf-8">
    <title>缩放效果</title>
    <style type="text/css">
        div {
            width: 100px;
            height: 100px;
            background-color:rgba(255,0,0,0.5);
        }
        #box2{
            position: absolute;
            left: 100px;
            top: 150px;
            background-color: red;
            transform: scale(2,1.2);      /* 设置宽度放大 2 倍，高度放大 1.2 倍 */
        }
        #box3{
            position: absolute;
            left: 260px;
            top: 150px;
            background-color: blue;
            transform: scale(0.5);        /* 宽度和高度均缩小为原来的一半 */
        }
    </style>
</head>
<body>
    <div id="box1">原始效果</div>
    <div id="box2">放大效果</div>
    <div id="box3">缩小效果</div>
</body>
</html>
```

在上述代码中，通过 scale()函数将第二个盒子放大，将第三个盒子缩小，网页效果如图 9-11 所示。

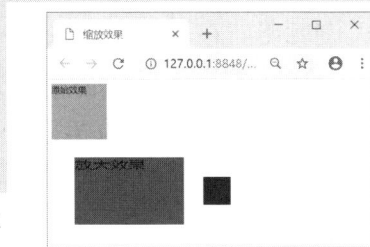

图9-11　通过scale()函数实现缩放

（3）skew(x,y)——倾斜

skew(x,y)函数用于设置元素的倾斜效果，该函数的两个参数分别定义元素在水平和垂直方向的倾斜角度，参数值为角度数值，单位为 deg，取值为正数或者负数，表示不同的倾斜方向。如果第二个参数省略，则第二个参数默认为 0。也可以使用 skewX(x)和 skewY(y)分别设置这两个参数。

（4）rotate(angle)——旋转

rotate(angle)函数用于设置元素的旋转效果，参数值为角度数值，单位为 deg，取值为正数或者负数，正数表示顺时针旋转，负数表示逆时针旋转。

例9-7　在项目chapter09中新建一个网页文件，使用rotate(angle)函数定义旋转效果，文件名为example07.html，代码如下。

```html
<!DOCTYPE html>
<html>
<head>
    <meta charset="utf-8">
    <title>旋转效果</title>
    <style type="text/css">
        div {
            width: 100px;
            height: 100px;
            background-color: lightcoral;
        }
        #box2{
            transform: rotate(45deg);          /* 顺时针旋转 45° */
        }
    </style>
</head>
<body>
    <div id="box1">原始效果</div>
    <div id="box2">旋转效果</div>
</body>
</html>
```

在上述代码中，通过rotate()函数将第二个盒子顺时针旋转45°，网页效果如图9-12所示。

下面采用CSS3的transition属性和transform属性实现淘宝类网站中图片放大效果，当鼠标指针移动到图片上时，将图片放大。

例9-8　在项目chapter09中新建一个网页文件，使用transition属性和transform属性实现淘宝类网站中图片放大效果，文件名为example08.html，代码如下。

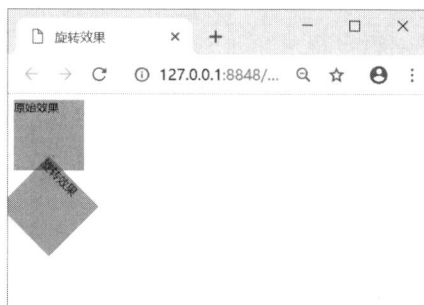

图9-12　通过rotate()函数实现旋转

```html
<!DOCTYPE html>
<html>
<head>
        <meta charset="UTF-8">
        <title>淘宝衣服图片放大效果</title>
        <style>
            * {
                margin: 0;
                padding: 0;
                border:0;
            }
            div {
                width: 200px;
                height:200px;
                margin: 50px auto;
                overflow: hidden;
```

```
        }
        div img {
            transition: all 1s;           /* 设置过渡效果 */
        }
        div:hover img {
            transform: scale(1.3);        /* 图片放大1.3倍 */
        }
    </style>
    </head>
    <body>
        <div><a href=""><img src="images/clothes.jpg" width="200" height="200"
alt=""></a></div>
    </body>
</html>
```

浏览网页，初始效果如图 9-13 所示，当鼠标指针移动到图片上时，图片放大 1.3 倍，如图 9-14 所示。

图9-13 初始效果

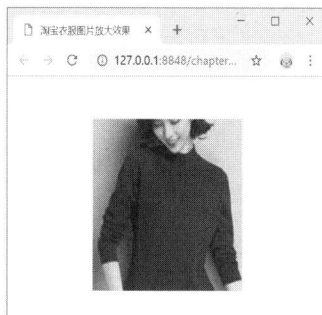

图9-14 鼠标指针移动到图片上时的放大效果

9.3 任务实现

在项目 chapter09 中新建一个网页文件，利用过渡和变形等属性实现风景墙效果，文件名为 photos.html，首先在文件中添加图片，即搭建页面结构，然后给每张图片添加不同的动画样式。

9.3.1 搭建学院风景墙页面结构

分析图 9-1，页面中有 6 张图片，可以使用无序列表<ul>来定义，每张图片放入一个列表项<li>中。

打开新创建的文件 photos.html，搭建风景墙页面结构，代码如下。

```
<!DOCTYPE html>
<html>
<head>
    <meta charset="utf-8">
    <title>学院风景墙</title>
</head>
<body>
    <ul class="photos">
        <li><a href="images/photo1.jpg" title="教学楼"><img src="images/photo1.jpg"
alt="教学楼" class="img1"></a></li>
```

```
            <li><a href="images/photo2.jpg" title="水映霞光"><img src="images/photo2.jpg"
alt="水映霞光" class="img2"></a> </li>
            <li><a href="images/photo3.jpg" title="餐厅"><img src="images/photo3.jpg" alt="
餐厅" class="img3"></a> </li>
            <li><a href="images/photo4.jpg" title="学生公寓"><img
src="images/photo4.jpg" alt="学生公寓" class="img4"></a> </li>
            <li><a  href="images/photo5.jpg"  title=" 秋 "><img
src="images/photo5.jpg" alt="秋" class="img5"></a> </li>
            <li><a  href="images/photo6.jpg"  title=" 篮球场 "><img
src="images/photo6.jpg" alt="篮球场" class="img6"></a> </li>
        </ul>
    </body>
    </html>
```

浏览网页，效果如图 9-15 所示。

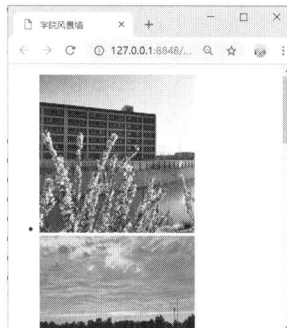
图9-15　照片墙页面结构

9.3.2　定义学院风景墙页面 CSS 样式

搭建好学院风景墙页面结构后，使用 CSS 内部样式表设置各元素样式，将该部分代码放至<head>和</head>标记之间，代码如下。

```
<style type="text/css">
    body,ul,li,img {
        padding: 0;
        border: 0;
        margin: 0;
    }
    ul,li {
        list-style: none;
    }
    .photos {                          /* ul 的样式 */
        width: 880px;
        height: 520px;
        margin: 50px auto;
    }
    .photos li {
        float: left;
        width: 240px;
        height: 240px;
        margin-left: 40px;
        margin-bottom: 40px;
    }
    .photos li a {
        display: inline-block;          /* 转换为行内块元素 */
        width: 240px;
        height: 240px;
        color: #333;
        text-align: center;
        text-decoration: none;
    }
    .photos a:after {
        content: attr(title);           /* 把title属性值显示到超链接的后面 */
    }
    .photos li:nth-child(even) a {      /* 第偶数个元素的样式 */
        transform: rotate(10deg);       /* 顺时针旋转10° */
```

```
    }
    .photos img {
        width: 240px;
        height: 240px;
        transition: all 0.5s ease;            /* 过渡效果 */
    }
    .photos li:hover .img1 {
        border-radius: 50%;                    /* 第一张图片变为圆形 */
    }
    .photos li:hover .img2 {
        border: 3px solid #ff0;
        transform: rotate(-60deg);             /* 第二张图片逆时针旋转60° */
    }
    .photos li:hover .img3 {
        transform: rotate(360deg);             /* 第三张图片顺时针旋转360° */
    }
    .photos li:hover .img4 {
        box-shadow: 10px 10px 10px #333;       /* 第四张图片添加阴影 */
        transform: rotate(-10deg);             /* 第四张图片逆时针旋转10° */
    }
    .photos li:hover .img5 {
        transform: rotate(-360deg);            /* 第五张图片逆时针旋转360° */
    }
    .photos li:hover .img6 {
        transform: scale(1.2);                 /* 第六张图片放大1.2倍 */
    }
</style>
```

浏览网页，当鼠标指针移动到图片上时，呈现相应的动画效果。图9-16所示是鼠标指针移动到第二张图片上时，图片添加黄色边框并逆时针旋转60°的效果。

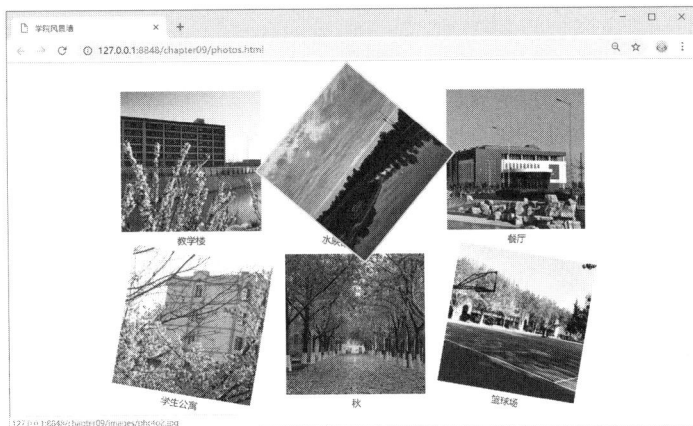

图9-16　鼠标指针移动到第二张图片上的效果

任务小结

本任务介绍了CSS3中制作动画的过渡属性和变形属性，利用这些属性能制作过渡、变形等动画效果。本任务介绍的主要知识点如图9-17所示。

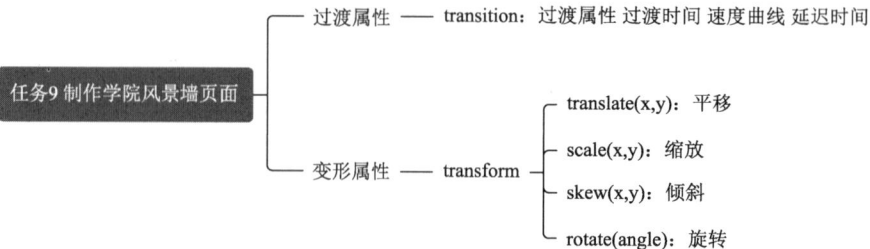

图9-17　任务9的主要知识点

习题 9

一、单项选择题

1. transition-timing-function 属性定义过渡效果的速度曲线，其默认值为（　　　）。

  A．ease   B．linear   C．ease-in   D．ease-out

2. 在 2D 变形中，指定元素顺时针旋转 18° 的函数是（　　　）。

  A．rotateX()   B．rotateY()

  C．rotate (18deg)   D．rotate (-18deg)

3. 用于定义过渡开始前将会延迟 2s，然后才开始执行的代码是（　　　）。

  A．transition-duration:2s;   B．transition-timing-function:2s;

  C．transition-delay:2s;   D．transition-property:2s;

4. 设定应用过渡效果的属性是 border、过渡时间是 2s、速度曲线是 ease、延迟时间是 1s 的代码为（　　　）。

  A．transition:border 2s ease 1s;   B．transition: 2s border ease 1s;

  C．transition: ease 1s border 2s;   D．以上都可以;

5. 下列选项中，用于定义变形效果是放大为原来的 1.3 倍的代码是（　　　）。

  A．scale(1.3); B．translate(1.3); C．skew(1.3); D．rotate(1.3);

二、判断题

1. CSS3 变形是一系列效果的集合，如平移、旋转、缩放和倾斜等，每个效果都被称作变形效果。（　　　）

2. 利用 transition 属性可以同时设置元素的过渡属性、过渡时间、速度曲线和延迟时间。（　　　）

3. 利用 transform 属性的 translate()函数可以实现元素的平移效果。（　　　）

实训 9

9-5：实训9
参考步骤

一、实训目的

1. 掌握过渡属性、变形属性的使用。
2. 熟练使用 CSS 相关属性创建动画效果。

二、实训内容

1. 创建网页，在大图像的中心位置显示小图像，如图 9-18 所示。

> 说明　在页面中创建一个盒子，在该盒子中包含一个小盒子，两个盒子分别设置两个背景图片，利用 transform 属性的平移效果，使小盒子移动到大盒子的中心位置。

图9-18　第1题页面浏览效果

2. 利用 transition 属性和 transform 属性实现导航条翻转效果。当鼠标指针移动到导航项上时，导航项会翻转，浏览效果如图 9-19 和图 9-20 所示。

图9-19　第2题导航条翻转前效果

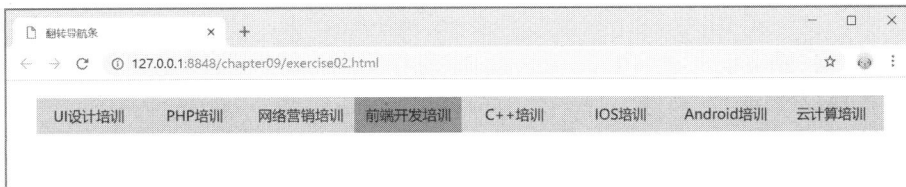

图9-20　第2题导航条翻转后效果

三、实训总结

写出使用过渡属性的格式和变形属性的常用函数。

扩展阅读

HTML5 的 canvas 元素

canvas 是 HTML5 新增的元素，使用 JavaScript 可在其中绘制图像。它可以用来制作照片集或者简单的动画，甚至可以进行实时视频处理和渲染。

canvas 是由 HTML 代码配合高度和宽度属性定义出的可绘制区域，JavaScript 代码可以访问该区域，类似于其他通用的二维 API（Application Program Interface，应用程序接口），canvas 提供了多种绘制路径、矩形、圆形、字符以及添加图像的方法，可以创建丰富的图形引用。下面以绘制矩形为例介绍 canvas 的使用。

1. 添加 canvas 元素

规定创建的元素的 id、宽度和高度。

```
<canvas id="myCanvas" width="200" height="100"></canvas>
```

2. 通过 JavaScript 绘制图形

canvas 元素本身没有绘图能力，所有的绘制工作必须通过 JavaScript 完成，首先获取 canvas 对象，然后获取绘图环境。

```
<script type="text/javascript">
var c=document.getElementById("myCanvas"); //通过 id 获取 canvas 元素
var cxt=c.getContext("2d");// getContext("2d") 对象是内建的 HTML5 对象，用于获取绘图环境
cxt.fillStyle="#FF0000";    //选择画笔的颜色
cxt.fillRect(0,0,150,75);    //绘制矩形
</script>
```

任务10

布局学院网站主页

10

情景导入

　　李华学习了前面的任务后，他知道了如何在网页上分别制作导航条、新闻块、表格或表单等元素，但是对于整个网页是如何安排众多版块的，他感到很疑惑。张老师告诉他，在制作网页时，需要对网页进行"排版"，网页的"排版"是通过布局实现的。本任务对学院网站的主页进行布局，将主页划分为多个块，使用 HTML5 标记定义这些块，并对每个块定义 CSS 样式。通过本任务，同学们可以掌握常用的网页布局方式，实现各种网页布局。

学习及素养目标

◎ 掌握常用的 HTML5+CSS3 布局方式；

◎ 灵活使用布局方式对网页内容进行排版；

◎ 培养统筹全局、整体规划的能力。

10.1　任务描述

根据学院网站主页效果图，对主页的版块进行划分，如图 10-1 所示。对学院网站的主页进行布局，布局浏览效果如图 10-2 所示。

图10-1　学院网站主页版块划分

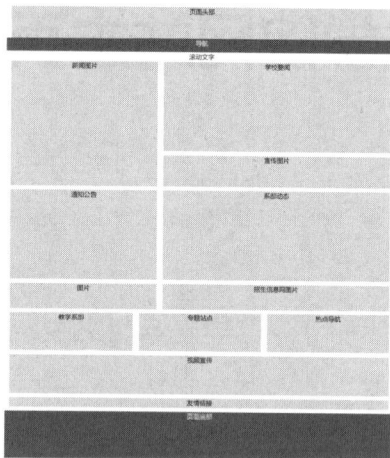

图10-2　布局浏览效果

10.2　知识准备

网页布局的方式有单列布局、二列布局、三列布局和通栏布局等。网页布局是网站制作中最核心的问题之一。目前在网页布局时，网页的主体内容宽度一般采用 1000px～1920px。下面通过案例介绍常用的网页布局方式。

10.2.1　单列布局

单列布局是将页面上的块从上到下依次排列。

例 10-1　在 HBuilderX 中新建空项目，项目名称为 chapter10，在项目内新建一个网页文件，文件名为 example01.html，创建单列布局页面，浏览效果如图 10-3 所示。

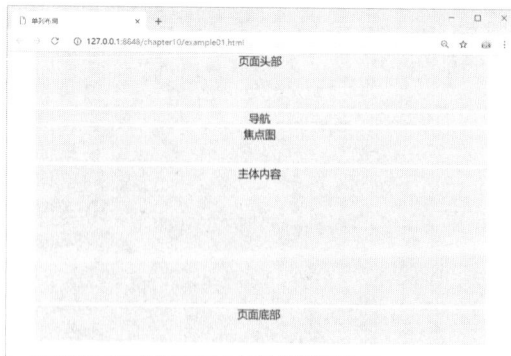

图10-3　单列布局页面

微课视频

微课 10-1：单列布局

从图 10-3 可以看出，这个页面从上到下分别为页面头部、导航、焦点图、主体内容和页面底部，每个块单独占一行，宽度都为 1000px。

页面的 HTML 结构代码如下。

```
<!DOCTYPE html>
<html>
<head>
    <meta charset="utf-8">
    <title>单列布局</title>
    <link href="style1.css" rel="stylesheet" type="text/css" />
</head>
<body>
    <header>页面头部</header>
    <nav>导航</nav>
    <div class="banner">焦点图</div>
    <div class="content">主体内容</div>
    <footer>页面底部</footer>
</body>
</html>
```

上面代码中的<header>是网页头部标记，<nav>是导航标记，<footer>是页脚标记，这些标记都是 HTML5 中新增加的标记，语义性更强。

创建外部样式表文件 style1.css，代码如下。

```
/* CSS 文件 */
body {
    margin: 0;
    padding: 0;
    font-size: 24px;
    text-align: center;
}
header {                            /* 页面头部 */
    width: 1000px;
    height: 120px;
    background-color: #aaffff;
    margin: 0 auto;                 /* 居中显示 */
}
nav {                               /* 导航 */
    width: 1000px;
    height: 30px;
    background-color: #aaffff;
    margin: 5px auto;               /* 居中显示，且上、下外边距为 5px */
}
.banner {                           /* 焦点图 */
    width: 1000px;
    height: 80px;
    background-color: #aaffff;
    margin: 0 auto;
}
.content {                          /* 主体内容 */
    width: 1000px;
    height: 300px;
    background-color: #aaffff;
    margin: 5px auto;
}
footer {                            /* 页面底部 */
    width: 1000px;
    height: 80px;
```

```
background-color: #aaffff;
margin: 0 auto;
}
```

浏览网页，效果如图 10-3 所示。

> **注意**
>
> 通常给块定义类选择器名称时，都会遵循一些常用的命名规范。案例中的类选择器便是按照规范命名的。

10.2.2　二列布局

单列布局虽然统一、有序，但会让人觉得呆板，所以在实际网页制作中，一般会采用二列布局。二列布局实际上是指将中间的主体内容分成左、右两部分。

例 10-2　在项目 chapter10 中新建一个网页文件，文件名为 example02.html，创建二列布局页面，浏览效果如图 10-4 所示。

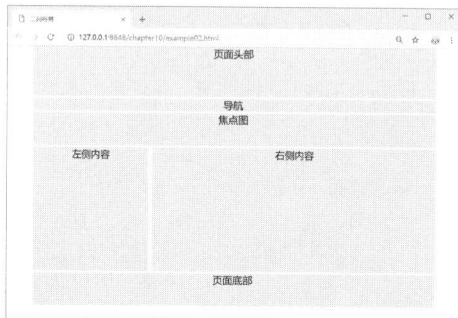

图10-4　二列布局页面

微课视频

微课 10-2：
二列布局

从图 10-4 可以看出，主体内容被分成了左、右两部分，布局时应将左、右两个块放在中间的大块中，然后为左、右两个块分别设置浮动。页面的 HTML 结构代码如下。

```html
<!DOCTYPE html>
<html>
<head>
    <meta charset="utf-8">
    <title>二列布局</title>
    <link href="style2.css" rel="stylesheet" type="text/css" />
</head>
<body>
    <header>页面头部</header>
    <nav>导航</nav>
    <div class="banner">焦点图</div>
    <div class="content">
        <div class="left">左侧内容</div>
        <div class="right">右侧内容</div>
    </div>
    <footer>页面底部</footer>
</body>
</html>
```

创建外部样式表文件 style2.css，代码如下。

```
/* CSS 文件 */
```

```css
body {
    margin: 0;
    padding: 0;
    font-size: 24px;
    text-align: center;
}
header {                           /* 页面头部 */
    width: 1000px;
    height: 120px;
    background-color: #aaffff;
    margin: 0 auto;
}
nav {                              /* 导航 */
    width: 1000px;
    height: 30px;
    background-color: #aaffff;
    margin: 5px auto;
}
.banner {                          /* 焦点图 */
    width: 1000px;
    height: 80px;
    background-color: #aaffff;
    margin: 0 auto;
}
.content {                         /* 主体内容 */
    width: 1000px;
    height: 300px;
    margin: 5px auto;
    overflow: hidden;              /* 清除子元素浮动对父元素的影响 */
}
.left {                            /* 左侧内容 */
    width: 290px;
    height: 300px;
    background-color: #aaffff;
    float: left;                   /* 左浮动 */
}
.right {                           /* 右侧内容 */
    width: 700px;
    height: 300px;
    background-color: #aaffff;
    float: right;                  /* 右浮动 */
}
footer {                           /* 页面底部 */
    width: 1000px;
    height: 80px;
    background-color: #aaffff;
    margin: 0 auto;
}
```

浏览网页，效果如图 10-4 所示。

注意　　在上面的代码中，为右边的块设置了右浮动，实际上也可以为它设置左浮动，但如果设置左浮动，就需要为它设置 margin-left 属性，使其与左边的块间隔一定的距离，这样最终效果才会是一样的。

10.2.3　三列布局

对于内容比较多的网站，有时需要采用三列布局。三列布局实际上是将中间的主体内容分成左、中、右三部分。

例 10-3　在项目 chapter10 中新建一个网页文件，文件名为 example03.html，创建三列布局页面，浏览效果如图 10-5 所示。

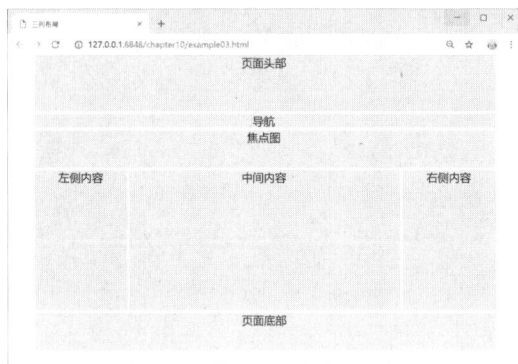

微课视频

微课 10-3:
三列布局

图10-5　三列布局页面

从图 10-5 可以看出，主体内容被分成了左、中、右三部分，布局时应将左、中、右三个块放在中间的大块中，然后为左、中、右三个块分别设置浮动。页面的 HTML 结构代码如下。

```html
<!DOCTYPE html>
<html>
<head>
    <meta charset="utf-8">
    <title>三列布局</title>
    <link href="style3.css" rel="stylesheet" type="text/css" />
</head>
<body>
    <header>页面头部</header>
    <nav>导航</nav>
    <div class="banner">焦点图</div>
    <div class="content">
        <div class="left">左侧内容</div>
        <div class="middle">中间内容</div>
        <div class="right">右侧内容</div>
    </div>
    <footer>页面底部</footer>
</body>
</html>
```

创建外部样式表文件 style3.css，代码如下。

```css
/* CSS 文件 */
body {
    margin: 0;
    padding: 0;
    font-size: 24px;
    text-align: center;
}
```

```
header {                            /* 页面头部 */
   width: 1000px;
   height: 120px;
   background-color: #aaffff;
   margin: 0 auto;
}
nav {                               /* 导航 */
   width: 1000px;
   height: 30px;
   background-color: #aaffff;
   margin: 5px auto;
}
.banner {                           /* 焦点图 */
   width: 1000px;
   height: 80px;
   background-color: #aaffff;
   margin: 0 auto;
}
.content {                          /* 主体内容 */
   width: 1000px;
   height: 300px;
   margin: 5px auto;
   overflow: hidden;                /* 清除子元素浮动对父元素的影响 */
}
.left {                             /* 左侧内容 */
   width: 200px;
   height: 300px;
   background-color: #aaffff;
   float: left;                     /* 左浮动 */
}
.middle {                           /* 中间内容 */
   width: 590px;
   height: 300px;
   background-color: #aaffff;
   float: left;                     /* 左浮动 */
   margin: 0 5px;
}
.right {                            /* 右侧内容 */
   width: 200px;
   height: 300px;
   background-color: #aaffff;
   float: right;                    /* 右浮动 */
}
footer {                            /* 页面底部 */
   width: 1000px;
   height: 80px;
   background-color: #aaffff;
   margin: 0 auto;
}
```

注意　　因为很多浏览器在显示未指定 width 属性的浮动元素时会出现 bug。所以，一定要为浮动元素指定 width 属性。

10.2.4　通栏布局

现在很多流行的网站采用通栏布局，即网页中的一些布局块，如页面头部、导航和页面底部等经常需要通栏显示。也就是说，无论页面放大或缩小，这些通栏布局块始终保持与浏览器一样的宽度。学院网站主页就采用了这种布局方式，如图 10-2 所示。

在图 10-2 所示页面中，导航和页面底部为通栏布局，它们与浏览器的宽度保持一致。通栏布局的关键在于将通栏模块的宽度设置为 100%，即与浏览器一样宽。

通栏布局页面将在 10.3 节中实现。

前面所讲的布局方式是网页的基本布局方式，实际上，在设计网站时需要综合运用这几种布局，从而实现各种各样的网页布局样式。

10.3　任务实现

在项目 chapter10 中新建一个网页文件，文件名为 index.html，首先在页面中搭建布局块结构，然后定义各个布局块的样式。

微课视频

微课 10-4:
任务实现

10.3.1　搭建布局块结构

分析图 10-2 所示的学院网站主页布局页面效果，该页面采用通栏布局。先搭建该页面的布局块结构。

打开文件 index.html，搭建页面的布局块结构，代码如下。

```html
<!DOCTYPE html>
<html>
<head>
    <meta charset="utf-8">
    <title>学院网站主页布局</title>
</head>
<body>
    <!--页面头部开始-->
    <header>页面头部 </header>
    <!--页面头部结束-->
    <!--导航开始-->
    <nav>
        <div class="navCon">导航</div>
    </nav>
    <!--导航结束-->
    <!--滚动文字开始-->
    <div class="blank">滚动文字 </div>
    <!--滚动文字结束-->
    <!--主体部分开始-->
    <div class="main">
        <!--onerow 开始-->
        <div id="onerow">
            <div class="ppt1">新闻图片</div><!--图片信息-->
            <div class="onerowR">
                <div class="imnews1">学校要闻</div>
```

```
                    <div class="ppt2">宣传图片</div>
                </div>
        </div>
        <!--onerow 结束-->
        <!--tworow 开始-->
        <div id="tworow">
                <div class="notice">通知公告</div>
                <div class="imnews2">系部动态</div>
        </div>
        <!--tworow 结束-->
        <!--threerow 开始-->
        <div id="threerow">
                <div class="mail">图片 </div>
                <div class="threerowR">招生信息网图片 </div>
        </div>
        <!--threerow 结束-->
        <!--fourrow 开始-->
        <div id="fourrow">
                <div class="product1">教学系部 </div>
                <div class="product2">专题站点 </div>
                <div class="product2">热点导航 </div>
        </div>
        <!--fourrow 结束-->
        <!--fiverow 开始-->
        <div id="fiverow">视频宣传 </div>
        <!--fiverow 结束-->
    </div>
    <!--主体部分结束-->
    <!--友情链接开始-->
    <div class="link">友情链接 </div>
    <!--友情链接结束-->
    <!--页面底部开始-->
    <footer>
        <div class="footerCon ">页面底部</div>
    </footer>
    <!--页面底部结束-->
</body>
</html>
```

上述代码定义了网页需要的布局块，用<header>标记放置页面头部内容，用<nav>标记构建页面导航，用<footer>标记存放页面底部信息，其他块使用<div>标记。浏览网页，效果如图 10-6 所示。

图10-6　没有添加样式的页面

10.3.2　定义布局块 CSS 样式

搭建好页面布局块结构后，使用 CSS 外部样式表设置页面中各个块的样式，创建外部样式表文件 style.css，在 index.html 文件的<head>标记内添加如下代码，将外部样式表文件链接到页面文件中。

```
<link href="style.css" rel="stylesheet" type="text/css" />
```

样式表文件代码如下。

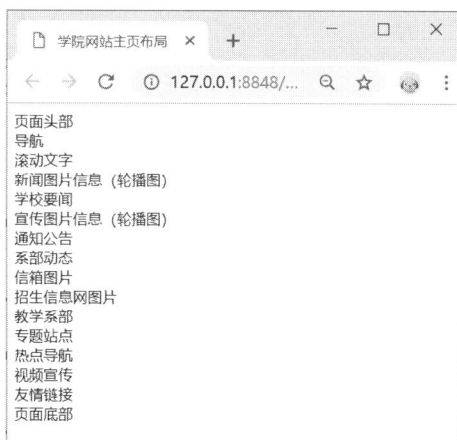

```css
/* CSS 文件 */
* {
    margin:0;
    padding:0;
    border:0;
}
body {
    text-align: center;
    font-size:20px;
}
header {                        /* 页面头部 */
    width: 1200px;
    height: 100px;
    margin: 0 auto;
    background: #CCC;
}
nav {                           /* 导航 */
    width: 100%;                /* 和浏览器一样宽 */
    height: 42px;
    background: rgb(28,75,169);
}
.navCon{                        /* 导航中的内容 */
    width: 1200px;
    height: 42px;
    margin: 0 auto;
    color: #FFF;
}
.blank {                        /* 滚动文字 */
    width: 1200px;
    height: 30px;
    margin: 0 auto;
    background: #FFF;
}
.main {                         /* 主体部分 */
    width: 1200px;
    overflow: hidden;
    margin: 0px auto;
}
#onerow {                       /* 主体部分的第一行 */
    width: 1200px;
    height: 392px;
    margin-bottom: 12px;
    overflow: hidden;
}
.ppt1 {
    background: #CCC;
    width: 462px;
    height: 392px;
    float: left;
}
.onerowR {
    background: #FFF;
    width: 738px;
    height: 392px;
    float: left;
}
```

```
.imnews1 {
    background: #CCC;
    width: 720px;
    height: 280px;
    margin-bottom: 12px;
    margin-left: 18px;
}
.ppt2 {
    background: #CCC;
    width: 720px;
    height: 100px;
    margin-left: 18px;
}
#tworow {                            /* 主体部分的第二行 */
    width: 1200px;
    height: 280px;
    margin-bottom: 12px;
    overflow: hidden;
}
.notice {
    background: #CCC;
    width: 462px;
    height: 280px;
    float: left;
}
.imnews2 {
    background: #CCC;
    width: 720px;
    height: 280px;
    margin-bottom: 12px;
    margin-left: 18px;
    float: left;
}
#threerow {                          /* 主体部分的第三行 */
    width: 1200px;
    height: 80px;
    margin-bottom: 12px;
}
.mail {
    width: 462px;
    height: 80px;
    float: left;
    background: #CCC;
}
.threerowR {
    background: #CCC;
    width: 720px;
    height: 80px;
    margin-left: 18px;
    float: left;
}
#fourrow {                           /* 主体部分的第四行 */
    width: 1200px;
    height: 120px;
    margin-bottom: 12px;
    overflow: hidden;
```

```
    }
    .product1, .product2 {
        background: #ccc;
        width: 388px;
        height: 120px;
        float: left;
    }
    .product2 {
        margin-left: 18px;
    }
    #fiverow {                              /* 主体部分的第五行 */
        width: 1200px;
        height: 122px;
        margin-bottom: 12px;
        background: #CCC;
    }
    .link {                                 /* 友情链接 */
        background: #CCC;
        width: 1200px;
        height: 30px;
        margin: 0px auto;
        margin-bottom: 12px;
    }
    footer {                                /* 页面底部 */
        width: 100%;                        /* 和浏览器一样宽 */
        height: 150px;
        background: rgb(28, 75, 169);
    }
    .footerCon {                            /* 页面底部的内容 */
        width: 1200px;
        height: 115px;
        margin: 0 auto;
        color: #FFF;
    }
```

浏览网页，效果如图 10-2 所示。学院网站主页采用通栏布局，目前采用这种布局的页面很多。学院网站主页和其他页面的具体实现将在任务 11 中完成。本任务只是实现了整体布局效果。

任务小结

本任务围绕学院网站主页布局，介绍了网页常用的布局方式，包括单列布局、二列布局、三列布局和通栏布局等。学院网站主页采用了通栏布局，理解其布局方法是完成任务 11 的关键。本任务的主要知识点如图 10-7 所示。

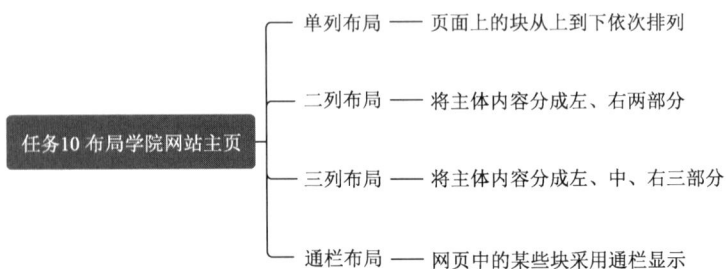

- 任务10 布局学院网站主页
  - 单列布局 —— 页面上的块从上到下依次排列
  - 二列布局 —— 将主体内容分成左、右两部分
  - 三列布局 —— 将主体内容分成左、中、右三部分
  - 通栏布局 —— 网页中的某些块采用通栏显示

图10-7　任务10的主要知识点

习题 10

一、单项选择题

1. HTML5 中的哪个标记可以包含所有通常放在页面头部的内容？（　　）
   A. <header>　　　　B. <nav>　　　　C. <aritcle>　　　　D. <section>

2. HTML5 中的哪个标记用于定义页面的导航链接？（　　）
   A. <header>　　　　B. <nav>　　　　C. <aritcle>　　　　D. <section>

3. HTML5 中的哪个标记可以包含所有通常放在页面底部的内容？（　　）
   A. <header>　　　　B. <nav>　　　　C. <footer>　　　　D. <section>

二、判断题

1. 单列布局页面时，不需要对块设置浮动，它们会自然竖直排列。　　　　（　　）

2. 二列布局页面时，通常需要为左右两个块设置浮动，使左右两个块水平排列。

　　　　（　　）

实训 10

一、实训目的

1. 掌握常用的 HTML5+CSS3 网页布局方式。
2. 会制作各种布局的页面。

10-5:实训10
参考步骤

二、实训内容

1. 采用单列布局创建华为公司介绍页面，页面宽度是 1000px，页面浏览效果如图 10-8 所示。

2. 采用二列布局创建美丽山东页面，页面宽度是 1000px，页面浏览效果如图 10-9 所示。

图10-8　第1题页面浏览效果

图10-9　第2题页面浏览效果

3. 创意设计：创建班级网站，自己搜集素材和文字，页面宽度设计为 1000px，灵活设计页面布局。

三、实训总结

如何为美丽山东页面元素清除浮动？

扩展阅读

响应式布局

2010 年 5 月，伊桑·马科特（Ethan Marcotte）提出响应式布局的概念。采用响应式布局技术设计的网站能同时兼容多种终端，由一个网站转变成多个网站，节省资源，为不同终端的用户提供更加舒适的界面和更好的用户体验。

一、响应式布局的优缺点

1. 优点

（1）面对不同分辨率的设备时，适应性较强。

随着平板电脑、智能手机的普及，移动端用户越来越多，PC 端网站在移动端显示时内容过小。采用响应式布局技术设计的网站可以根据不同尺寸的终端，自动调整界面布局、内容，提供非常好的视觉展示效果，用户体验较好。

（2）节约设计开发成本。

为满足用户需求，企业需要针对不同的设备制作 PC 端网站和移动端网站，但采用响应式布局技术只需要搭建一个响应式网站。企业采用响应式网站可以节省网站的制作费用，还可以实现"一站多用"。

2. 缺点

（1）加载时间长。

响应式网站的实现方式往往是缩小或者隐藏 PC 端网站的内容，使之适应移动端。但隐藏的内容依然会加载，相比于非响应式网站，响应式网站加载的内容更多，加载的时间更长。

（2）灵活性不足。

内容比较多、带有功能性的网站做响应式布局设计，会导致移动端的界面非常长，需要根据移动端属性重新进行框架设计，实现难度大，实现成本高。

二、总结

结构简单、内容较少的网站比较适合做成响应式网站。内容较多且带有功能性的网站不适合做成响应式网站。随着响应式布局技术的不断发展，未来响应式网站可以在不同终端有更精彩的表现。

任务11

完整项目：制作学院网站

11

情景导入

　　现在李华终于盼到了学习制作完整网站的时刻。本任务完成学院网站的整体设计与实现，从网站规划到效果图设计，再到主页设计和其他页面设计，按照真实网站设计流程，完成学院网站的整体设计与实现。

学习及素养目标

◎ 掌握使用 Photoshop 设计网页效果图的方法；

◎ 掌握使用 HTML5+CSS3 进行网页布局的方法；

◎ 掌握在网页中插入音频和视频的方法；

◎ 在编辑代码时养成认真细致、精益求精的工匠精神。

11.1　任务描述

未来信息学院是省人民政府批准设立、教育部备案的公办省属普通高等学校。学院具有40多年的办学历史，计算机类、电子信息类专业享誉省内外。

未来信息学院网站主页浏览效果如图 10-1 所示。

11.2　网站规划

在制作网站之前，需要对网站进行整体设计与规划，确保网站项目顺利实施。网站规划主要包括分析网站需求、定位网站风格、规划网站草图、制订项目计划等。

1.　分析网站需求

未来信息学院网站旨在让任何人在任何时间、任何地点都能借助网站了解学院的基本情况，掌握最新招生与就业信息。通过该网站可以链接到招生信息网、团学在线网站、教务管理系统等。

未来信息学院网站的主要功能如图 11-1 所示。

图11-1　未来信息学院网站的主要功能

2.　定位网站风格

定位网站风格是在需求分析的基础上进行策划的第一步。在需求分析的基础上确定网站的内容和用户是网站建设和发展的前提。网站的内容不可能面面俱到，这既超出了网站的能力，又会使网站失去个性。事实上对于网站来说，任何想吸引全部网民的做法都是难以实现的，在信息爆炸而个体差异极大的当下，网站能做的只是吸引特定的人群。网站的成功与详尽的市场调查及准确的网站定位是密不可分的。

未来信息学院网站是学校门户网站，它的主要用户为学生、教师及学生家长等，同时它是教育类的网站，采用蓝色为主色调，因为蓝色代表智慧，代表高科技，看起来清爽，给人宁静的感觉。蓝色是海洋、天空的颜色，让人充满遐想和向往。另外为了使网站充满活力，在网站上还运用了红色，让用户一眼就被网站亮丽的色彩所吸引。

3.　规划网站草图

对于一般的网站来说，一个项目往往从一个简单的界面开始，但要把所有元素组织到一起并不是一件容易的事。首先，规划网站的草图，勾画出用户想要看到的内容。然后，将详细的描述交给 UI 设计师，让他们知道每一页、每个版块要显示哪些内容。图 10-2 所示为未来信息学院网站主页的草图。

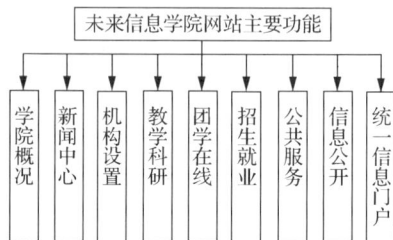

4. 制订开发流程

虽然每个 Web 网站在内容、规模、功能等方面都各有不同，但是有基本的开发流程可以遵循。从国内的门户网站（如搜狐网、新浪网）到个人主页，都要以基本相同的开发流程来完成。一般网站的开发流程如图 11-2 所示。

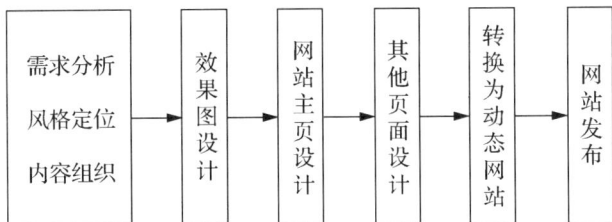

需求分析 风格定位 内容组织 → 效果图设计 → 网站主页设计 → 其他页面设计 → 转换为动态网站 → 网站发布

图11-2　一般网站的开发流程

说明　未来信息学院网站只是静态网站，因此关于转换为动态网站和网站发布的内容，这里不做介绍。

11.3　效果图设计

一般在开发网站之前都需要先由 UI 设计师使用 Photoshop 等工具设计出网站的效果图，主要是设计主页的效果图，然后使用切片工具将效果图的素材图片切出，准备好图片等各种素材后，再使用 HBuilderX 等工具制作主页和其他页面。

11.3.1　效果图设计原则

效果图的设计原则：先背景后前景，先上后下，先左后右。

未来信息学院网站主页最终的效果图如图 10-1 所示。

制作软件：Photoshop CC。

效果图设计中用到的主要知识点如下：

- 参考线的应用；
- 横排文字工具的应用；
- 直线工具的应用；
- 矩形工具的应用；
- 多边形套索工具的应用；
- 图层样式的应用；
- 切片工具的应用。

11.3.2　效果图设计步骤

设计主页效果图的步骤如下。

（1）新建文件

打开 Photoshop CC 软件，新建文件，将其命名为"学院主页效果图"，宽

微课视频

微果 11-2：效果图设计步骤

度为 1300px，高度为 1401px，背景颜色为白色，分辨率为 72px/inch。

（2）添加参考线

选择"视图"｜"新建参考线"选项，添加 4 条垂直参考线，位置分别是 50px、1250px、512px、530px；9 条水平参考线，位置分别是 100px、142px、172px、539px、834px、929px、1064px、1201px、1251px，完成后如图 11-3 所示。

（3）制作背景

打开 bodybg.jpg，选择"编辑"｜"定义图案"选项，为祥云图案命名，如图 11-4 所示。单击"确定"按钮，将"图案名称"窗口关闭。

图11-3　添加参考线　　　　　　　　　　　图11-4　图案命名

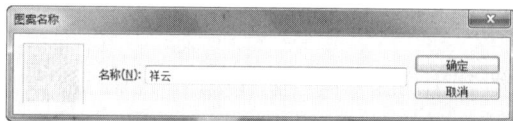

（4）填充图案

选择油漆桶工具，将填充选项改为"图案"，并在"图案"属性栏中选择刚才定义的祥云图案，如图 11-5 所示。在背景上单击，完成背景填充。

图11-5　"图案"属性栏

（5）添加 Logo

打开 logo.png，将图像复制到本文件中，放在最上方，效果如图 11-6 所示。

图11-6　添加Logo

（6）设计导航条

在"图层"面板中创建新的图层组，命名为"导航条"。在 Logo 下方，用矩形选框工具沿参考线画宽 1300px、高 42px 的矩形选区，如图 11-7 所示。新建一个图层，设置前景色为 RGB(28,75,169)，按"Alt+Delete"组合键填充前景色，然后按"Ctrl+D"组合键取消选区，效果如图 11-8 所示。

用横排文字工具在导航条上方单击创建文本图层，输入文本"网站首页"，设置字体为"微软雅黑"，字号为 14 px，字体颜色为白色。用同样的方法创建文本图层"学院概况""新闻中心""机构设置""教学科研""团学在线""招生就业""公共服务""信息公开""统一信息门户"。

图11-7 绘制矩形选区

图11-8 填充前景色

用移动工具 将"网站首页"文本图层放在左侧适当位置，"统一信息门户"文本图层放在右侧适当位置，将刚创建的文本图层全部选中，单击"底对齐"按钮 、"水平居中分布"按钮 ，让文本图层底对齐并水平居中分布，效果如图11-9所示。

图11-9 添加导航条文本

（7）添加滚动文本

用横排文字工具输入文本"学院名片>>国家教育部、中央军委政治工作部、中央军委国防动员部定向培养士官试点院校·电子信息产业国家高技能人才培训基地·国家示范性高职单独招生试点院校"，设置字体为"微软雅黑"，字号为14 px，字体颜色为RGB(205, 2, 2)，效果如图11-10所示。

图11-10 添加滚动文本

（8）设计图片切换区

在"图层"面板中创建新的图层组，命名为"onerow"。单击矩形选框工具，设置样式为"固定大小"，宽度为462px，高度为352px，如图11-11所示。

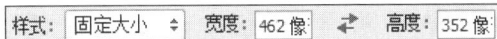

图11-11 设置矩形选框固定大小

新建图层，填充白色。打开2.jpg文件，将图片复制到本文件中，效果如图11-12所示。

（9）设计学校要闻区

新建图层，用矩形工具绘制一个宽720px、高250px的矩形区域，填充白色。打开图片head1.png，将其复制到本文件中，放到适当位置。输入文本"学校要闻"，设置字体为"微软雅黑"，字号为14 px，字体颜色为白色，加粗。输入文本"‖College News"，文本颜色为RGB(115, 115, 115)，字号为14px。输入文本"更多>>"，字体颜色为RGB(115, 115, 115)，字号为12px。用直线工具 绘制浅灰色水平线，参数如图11-13所示。打开图片10.jpg，将其复制到本文件中，放到适当位置。在图片下方输入文本"中国工业互联网研究院来我校交流访问"，字体颜色为#990000，字号为12px。

图11-12　图片切换区

图11-13　直线工具参数

用圆角矩形工具▭绘制宽度、高度均为 6px 的圆角矩形，无描边，填充颜色为 RGB(0, 24, 255)。在图片右侧输入文本"学校联合发起成立软件行业产教联盟"，设置字体为"微软雅黑"，字体颜色为 RGB(60, 60, 60)，字号为 14px。在文本右侧输入文本"2021-04-09"，字体颜色为 RGB(160, 160, 160)，字号为 14px。用同样的方法输入其他文本。

打开图片 6.jpg，将其复制到学院要闻的下方，学校要闻区效果如图 11-14 所示。

图11-14　学校要闻区

（10）设计通知公告区

在"图层"面板中创建新的图层组，命名为"tworow"。新建图层，用矩形工具绘制一个宽 462px、高 280px 的矩形区域，填充白色。新建图层，用矩形工具绘制一个宽 100px、高 38px 的矩形区域，填充颜色为 RGB(26, 74, 167)。用矩形工具绘制一个宽 442px、高 2px 的矩形区域，填充颜色为 RGB(26, 74, 167)。用移动工具调整两矩形的位置。输入文本"通知公告"，设置字体为"微软雅黑"，字号为 14px，字体颜色为白色。输入文本"更多>>"，字体颜色为 RGB(115, 115, 115)，字号为 12px，复制学校要闻区的要闻列表内容，并修改文本。完成后效果如图 11-15 所示。

（11）设计系部动态区

将学校要闻区的图层复制，并修改图片及文本。完成后效果如图 11-16 所示。

（12）设计统一信息门户、招生信息栏目

在"图层"面板中创建新的图层组，命名为"threerow"，添加图片。完成后效果如图 11-17 所示。

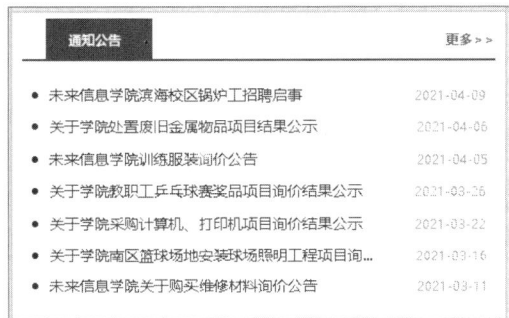
图11-15 通知公告区

图11-16 系部动态区

图11-17 统一信息门户、招生信息栏目

（13）设计教学系部等栏目

在"图层"面板中创建新的图层组，命名为"fourrow"。新建图层，用矩形工具绘制一个宽 380px、高 120px 的矩形区域，填充白色。新建图层，绘制一个宽 3px、高 120px 的矩形区域，填充颜色为 RGB(28, 75, 169)。输入文本"教学系部"，设置字体为"微软雅黑"，字号为 26px，字体颜色为 RGB(28, 75, 169)。输入文本"电子与通信系 软件与大数据系 数字媒体系 智能制造系 现代服务系 经济与管理系 基础教学部 士官学院"，设置字体为"微软雅黑"，字号为 14px，字体颜色为 RGB(102, 102, 102)。用复制、修改的方式完成专题站点和热点导航栏目。完成后效果如图 11-18 所示。

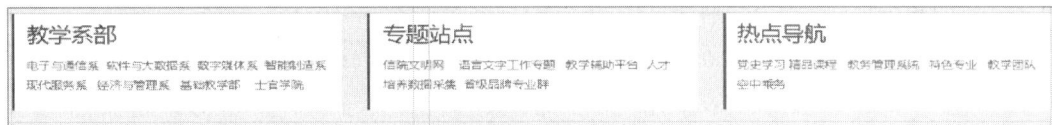
图11-18 教学系部等栏目

（14）设计视频宣传区

在"图层"面板中创建新的图层组，命名为"fiverow"。打开 honor.png 文件，将其复制到本文件中。新建图层，用矩形工具绘制一个宽 1080px、高 120px 的矩形区域，填充白色。打开文件 bot1.gif、bot2.jpg、bot3.jpg、bot4.jpg，将 4 张图片复制到视频宣传图片的右侧，并均匀分布。完成后效果如图 11-19 所示。

图11-19 视频宣传区

（15）设计友情链接等栏目

在"图层"面板中创建新的图层组，命名为"link"。新建图层，用矩形工具绘制一个宽

300px、高 30px 的矩形区域，填充白色。新建图层，用多边形套索工具 绘制一个小倒三角形选区，填充颜色为 RGB(110, 110, 110)。输入文本"========合作企业========"，设置字体为"微软雅黑"，字号为 14px，字体颜色为 RGB (110, 110, 110)。用复制、修改的方式完成教育站点和友情链接栏目。完成后效果如图 11-20 所示。

图11-20　友情链接等栏目

（16）设计页面底部

在"图层"面板中创建新的图层组，命名为"footer"。新建图层，用矩形工具绘制一个宽 1200px、高 150px 的矩形区域，填充颜色为 RGB(26, 74, 168)。打开 footer1.png、footer2.jpg，将两张图片分别复制到矩形区域的左侧和右侧，设置字体为"微软雅黑"，字号为 14px，字体颜色为白色。

（17）保存文件。

最终效果如图 10-1 所示。

11.3.3　效果图切片导出素材

选择切片工具 ，根据需要进行切片，切片过程有以下几个技巧。

- 首先将预期的切片设计好，然后进行切片。
- 为了切出的图片准确，减少误差，尽量放大图片再进行切片。
- 重命名在网页中使用的切片图片，以便在制作网站时使用。

能平铺形成的图片，只需切一个小的部分。另外，使用某种颜色作为背景的图片不需要切片，在制作网页时设置背景颜色即可。

切片创建完成后即可进行最后的素材导出，选择"文件"|"导出"|"存储为 Web 所用格式"选项，为切片选择存储的文件类型，单击"存储"，再选择保存的格式"仅限图像"，最后单击"保存"按钮。

11.4　制作网站主页

制作软件：HBuilderX。

主页制作的步骤如下：

- 创建项目；
- 将图片素材放入项目的 images 文件夹中；
- 创建主页，搭建主页结构，添加页面各元素；
- 创建外部样式表，设置各元素的样式。

以从效果图中切出的图片素材为基础，使用 HBuilderX 创建项目，设计主页。

微课视频

微课 11-3：
制作主页上部

具体步骤如下。

（1）在 HBuilderX 中新建项目，项目名称为 chapter11，位于"E:/Web 前端开发/源代码"目录下，选择模板类型为"基本 HTML 项目"，单击"创建"按钮。

（2）右击项目 chapter11 中的目录名"img"，选择"重命名"选项，将目录名改为"images"，将网站的图片素材复制到该目录中。

（3）右击项目 chapter11 中的目录名"css"，选择"新建"|"css 文件"选项，在"新建css 文件"对话框中输入样式表文件名称"index.css"，单击"创建"按钮。

然后在文件 index.css 中书写通用样式，代码如下。

```css
*{
    margin:0;
    padding:0;
    border:0;
}
ul,li{
    list-style:none;
}
body{
    font-family:"微软雅黑";
    font-size:14px;
    color:#000;
    background:url(../images/bodybg.jpg);
}
a{
    font-family:"微软雅黑";
    font-size:14px;
    color:#000;
    text-decoration:none;
}
```

（4）打开文件 index.html，在</head>标记前输入如下代码。

```html
<link rel="stylesheet" type="text/css" href="css/index.css">
```

将 index.css 文件链接到 index.html 页面中。

（5）制作 index.html 页面的头部。

在 index.html 的代码窗口中的 body 元素中输入如下代码。

```html
<!--header 头部开始-->
<header>
    <img src="images/header.png" alt="">        <!-- 头部中放入图片 -->
</header>
<!--header 头部结束-->
```

切换到 index.css 文件，继续添加头部样式代码。

```css
/* 头部 */
header {
    width: 1200px;
    height: 100px;
    margin: 0 auto;
}
```

规定 header 头部的宽度、高度并使其在浏览器中居中显示。

（6）制作 index.html 页面的导航条部分。

导航条内容用无序列表实现，使用 CSS 样式设置导航条、列表及超链接的各种样式。

继续在 index.html 的代码窗口中输入如下代码。

```html
<!--nav 导航条开始-->
<nav>
    <ul class="navCon">
        <li><a href="index.html">网站首页</a></li>
        <li><a href="#" target="_blank">学院概况</a></li>
        <li><a href="newsList.html" target="_blank">新闻中心</a></li>
        <li><a href="#" target="_blank">机构设置</a></li>
        <li><a href="#" target="_blank">教学科研</a></li>
        <li><a href="#" target="_blank">团学在线</a></li>
        <li><a href="#" target="_blank">招生就业</a></li>
        <li><a href="#" target="_blank">公共服务</a></li>
        <li><a href="#" target="_blank">信息公开</a></li>
        <li><a href="#" target="_blank">统一信息门户</a></li>
    </ul>
</nav>
<!--nav 导航条结束-->
```

切换到 index.css 文件，继续添加导航条部分的样式代码。

```css
/* 导航条 */
nav {
    width: 100%;
    height: 42px;
    background: rgb(28, 75, 169);
}
nav .navCon {
    width: 1200px;
    height: 42px;
    margin: 0 auto;
}
.navCon li {
    width: 120px;
    height: 42px;
    float: left;
    text-align: center;
}
.navCon li a {
    display: block;
    width: 120px;
    height: 42px;
    line-height: 42px;
    color: #FFF;
}
```

此时，网页在浏览器中的浏览效果如图 11-21 所示。

图11-21　网页头部及导航条浏览效果

（7）制作导航条和主体内容之间的滚动文字部分。

继续在 index.html 的代码窗口中输入如下代码。

```
<!--blank 滚动文字开始-->
<div class="blank">
    <div class="left">学院名片 &gt;&gt; </div>
    <div class="right">
        <ul>
            <li><a target="_blank" href="#" title="教育部、中央军委政治工作部、中央军委国防动员
部定向培养士官试点院校">&#8226;教育部、中央军委政治工作部、中央军委国防动员部定向培养士官试点院校</a></li>
            <li><a target="_blank" href="#">&#8226;电子信息产业国家高技能人才培训基地</a></li>
            <li><a target="_blank" href="#">&#8226;国家示范性高职单独招生试点院校</a></li>
            <li><a target="_blank" href="#">&#8226;"3+2"对口贯通分段培养本科院校</a></li>
            <li><a target="_blank" href="#">&#8226;国家级示范性软件职业技术学院</a></li>
            <li><a target="_blank" href="#">&#8226;全国信息产业系统先进集体</a></li>
        </ul>
    </div>
</div>
<!--blank 滚动文字结束-->
```

切换到 index.css 文件，继续添加滚动文字部分的样式代码。

```
/* 滚动文字 */
.blank {
    width: 1200px;
    line-height: 30px;
    overflow: hidden;
    margin: 0 auto;
}
.blank .left {
    width: 100px;
    color: rgb(205, 2, 2);
    font-weight: bold;
    float: left;
}
.blank .right {
    width: 1100px;
    height: 30px;
    float: left;
}
.blank .right ul {
    width: 1100px;
    height: 30px;
    overflow: hidden;
}
.blank .right ul li {
    height: 30px;
    line-height: 30px;
    float: left;
    margin-right: 15px;
}
.blank .right ul li a {
    color: rgb(205, 2, 2);
}
```

此时，网页的浏览效果如图 11-22 所示。

图11-22　添加滚动文字部分后的效果

（8）制作网页主体部分。

继续在 index.html 的代码窗口中输入如下代码。

```
<--main 主体部分开始-->
<div class="main"></div>
<!--main 主体部分结束-->
```

切换到 index.css 文件，继续添加主体部分的样式代码。

```
.main {width: 1200px; margin: 0 auto; overflow: hidden;}
```

（9）制作主体部分的第一行。

继续在 index.html 的代码窗口中的<div class="main">代码后输入如下代码。

```
<!--onerow 开始-->
<div id="onerow">
<!--图片信息（轮播图）-->
<div class="lbt1">
    <a href="#" target="_blank"><img alt="中秋佳节至，月饼暖人心" src="images/2.jpg" /></a>
</div>
<!--学校要闻开始-->
<div class="onerowR">
    <div class="imnews1">
        <h2>学校要闻<span class="eng">¦¦  College News</span><span><a class="more" href="#" target="_blank">更多&gt;&gt;</a></span></h2>
        <div class="newsimg">
            <img src="images/10.jpg" width="240" height="130" alt="">
            <p class="txt"><a href="#" title="中国工业互联网研究院来我校交流访问" target="_blank">中国工业互联网研究院来我校交流访问</a></p>
        </div>
        <div class="content">
            <ul>
                <li><span>2021-04-09</span><a href="#" target="_blank">学校联合发起成立软件行业产教联盟</a></li>
                <li><span>2021-04-08</span><a href="#" target="_blank">学校"四个推进"掀起党史学习教育热潮</a></li>
                <li><span>2021-04-02</span><a href="#" target="_blank">学校召开2021年度体育工作会议</a></li>
                <li><span>2021-04-01</span><a href="#" target="_blank">我校举行"铭记历史 缅怀先烈"清明节祭扫先烈活动</a></li>
                <li><span>2021-03-30</span><a href="#" target="_blank">中国工业互联网研究院来我校交流访问</a></li>
                <li><span>2021-03-30</span><a href="#" target="_blank">学校召开党务干部业务培训会议</a></li>
            </ul>
        </div>
    </div>
    <div class="lbt2">
        <a href="#" target="_blank"><img src="images/6.jpg" alt=""></a>
    </div>
```

微课视频

微课 11-4：
制作主体部分
第一行

```
</div>
<!--学校要闻结束-->
</div>
<!--onerow结束-->
```

切换到 index.css 文件，继续添加主体部分第一行的样式代码。

```
/* 第一行 */
#onerow {
    width: 1200px;
    height: 352px;
    margin-bottom: 15px;
}
.lbt1 {
    background: #fff;
    border: 1px solid #ccc;
    float: left;
    width: 440px;
    height: 330px;
    padding: 10px;
    margin-right: 18px;
}
.onerowR {
    width: 720px;
    float: left;
    height: 352px;
}
/* 学校要闻 */
.imnews1 {
    background: #fff;
    border: 1px solid #ccc;
    float: left;
    width: 698px;
    padding: 5px 10px 5px 10px;
    margin-bottom: 2px;
    height: 236px;
}
.imnews1 h2,.imnews2 h2 {
    background: url(../images/head1.png) no-repeat left center;
    width: 688px;
    height: 37px;
    line-height: 37px;
    color: #FFF;
    padding-left: 10px;
    font-size: 14px;
    border-bottom: 1px solid rgb(204, 204, 204);
    position: relative;
}
.imnews1 h2 .eng,.imnews2 h2 .eng {
    color: rgb(115, 115, 115);
    font-size: 14px;
    padding-left: 50px;
    font-weight: normal;
}
.imnews1 h2 .more,.imnews2 h2 .more {
    color: rgb(115, 115, 115);
```

```
        font-size: 12px;
        font-weight: normal;
        position: absolute;
        top: 0;
        right: 0px;
    }
    .imnews1 h2 .more:hover,.imnews2 h2 .more:hover {
        color: red;
    }
    .imnews1 .newsimg {
        width: 240px;
        height: 173px;
        float: left;                    /* 左浮动 */
        padding-top: 25px;
    }
    .txt {
        width: 240px;
        height: 20px;
        line-height: 20px;
        padding-top: 5px;
        font-size: 12px;
        text-align: center;
    }
    .txt a {
        color: #900;
    }
    .imnews1 .content {
        width: 438px;
        height: 188px;
        padding-left: 20px;
        padding-top: 10px;
        float: left;                    /* 左浮动 */
    }
    .imnews1 .content ul {
        width: 438px;
        height: 188px;
    }
    .imnews1 .content ul li {
        width: 423px;
        height: 30px;
        line-height: 30px;
        background: url("../images/icon.png") no-repeat left center;
        padding-left: 15px;
    }
    .content ul li a {
        float: left;
        color: rgb(60, 60, 60);
        display: block;
        width: 320px;
        white-space: nowrap;            /* 文本不换行 */
        overflow: hidden;               /* 溢出文本隐藏 */
        text-overflow: ellipsis;        /* 文本显示不完整时显示省略号 */
    }
    .content ul li a:hover {
        color: rgb(28, 75, 169);
```

```
    }
    .content ul li span {
        color: rgb(160, 160, 160);
        font-size: 11px;
        float: right;
    }
    .lbt2 {
        float: left;
        width: 720px;
        height: 100px;
    }
```

此时，主体部分第一行的浏览效果如图 11-23 所示。

图11-23 主体部分第一行的浏览效果

（10）制作主体部分的第二行。

继续在 index.html 的代码窗口中的主体部分第一行代码后输入如下代码。

微课视频

微课 11-5：
制作主体部分
第二行

```
<!--tworow 开始-->
<div id="tworow">
<div class="notice">
    <div class="nTitle">
        <h2>通知公告</h2>
        <a class="more" href="#" target="_blank">更多 &gt;&gt;</a>
    </div>
    <div class="nContent">
        <ul>
            <li><span>2021-04-09</span><a href="#" target="_blank">未来信息学院滨海校
区锅炉工招聘启事</a></li>
            <li><span>2021-04-06</span><a href="#" target="_blank">关于学院处置废旧金
属物品项目结果公示 </a></li>
            <li><span>2021-04-05</span><a href="#" target="_blank"> 未来信息学院训练服
装询价公告 </a></li>
            <li><span>2021-03-26</span><a href="#" target="_blank">关于学院教职工乒乓
球赛奖品项目询价结果公示 </a></li>
            <li><span>2021-03-22</span><a href="#" target="_blank">关于学院采购计算机、
打印机项目询价结果公示 </a></li>
            <li><span>2021-03-16</span><a href="#" target="_blank">关于学院南区篮球场
地安装球场照明工程项目询...</a></li>
            <li><span>2021-03-11</span><a href="#" target="_blank">未来信息学院关于购
买维修材料询价公告</a></li>
        </ul>
    </div>
</div>
<div class="imnews2">
    <h2>系部动态<span class="eng">¦¦  Depart mentNews</span><span><a class="more"
href="#" target="_blank">更多 &gt;&gt;</a></span></h2>
```

```
            <div class="newsimg">
                <img src="images/11.jpg" width="240" height="130;" alt="">
                <p class="txt"><a href="#" target="_blank">捐献爱心 情暖公益</a></p>
            </div>
            <div class="content">
                <ul>
                    <li><span>2021-04-11</span><a href="#" target="_blank">软件与大数据系开展
"知党史 感党恩 跟党走" 主题党课</a></li>
                    <li><span>2021-04-09</span><a href="#" target="_blank">数字媒体系组织开展
"力争上游" 拔河比赛</a></li>
                    <li><span>2021-04-08</span><a href="#" target="_blank">滨海校区开展疫苗接
种工作</a></li>
                    <li><span>2021-04-08</span><ahref="#"target="_blank">士官学院组织开展 "优
才精技培养计划" 动员会</a></li>
                    <li><span>2021-04-08</span><a href="#" target="_blank">启迪智慧 书写精彩
——智能制造系开展板书设计比赛</a></li>
                    <li><span>2021-04-07</span><ahref="#"target="_blank">电子与通信系开展 "抓
习惯 重养成 促发展" 良好习惯养成主题教育动员会</a></li>
                    <li><span>2021-04-02</span><a href="#" target="_blank">智能制造系举行大学
生辩论赛</a></li>
                </ul>
            </div>
        </div>
    </div>
    <!--tworow 结束-->
```

切换到 index.css 文件，继续添加主体部分第二行的样式代码。

```
/* 第二行 */
#tworow {
    width: 1200px;
    height: 280px;
    margin-bottom: 15px;
}
.notice {                     /* 通知公告 */
    background: #FFF;
    padding: 5px 10px 10px;
    border: 1px solid rgb(204, 204, 204);
    width: 440px;
    height: 263px;
    float: left;
    margin-right: 18px;
}
.nTitle {
    width: 440px;
    height: 38px;
    line-height: 38px;
}
.nTitle h2 {
    background: rgb(26, 74, 167);
    width: 100px;
    height: 38px;
    line-height: 38px;
    text-align: center;
    font-size: 14px;
    color: #FFF;
    margin-left: 20px;
```

```
        float: left;
    }
.nTitle .more {
        color: rgb(115, 115, 115);
        line-height: 34px;
        padding-top: 4px;
        padding-right: 10px;
        font-size: 12px;
        float: right;
    }
.nTitle .more:hover {
        color: red;
    }
.nContent {
        width: 440px;
        height: 213px;
        padding-top: 10px;
        border-top: 2px solid rgb(26, 74, 167);
    }
.nContent ul {
        width: 430px;
        height: 213px;
        padding-left: 10px;
    }
.nContent ul li {
        width: 415px;
        height: 30px;
        line-height: 30px;
        background: url("../images/icon.png") no-repeat left center;
        padding-left: 15px;
    }
.nContent ul li a {
        color: rgb(60, 60, 60);
    }
.nContent ul li a:hover {
        color: rgb(28, 75, 169);
    }
.nContent ul li span {
        color: rgb(160, 160, 160);
        font-size: 11px;
        float: right;
    }
.imnews2 {                    /* 系部动态 */
        background: #FFF;
        border: 1px solid #ccc;
        float: left;
        width: 698px;
        padding: 5px 10px;
        height: 268px;
    }
.imnews2 .newsimg {
        width: 240px;
        height: 188px;
        float: left;
        padding-top: 40px;
    }
```

```css
.imnews2 .content {
    width: 438px;
    height: 218px;
    padding-left: 20px;
    padding-top: 10px;
    float: left;
}
.imnews2 .content ul {
    width: 438px;
    height: 218px;
}
.imnews2 .content ul li {
    width: 423px;
    height: 30px;
    line-height: 30px;
    background: url("../images/icon.png") no-repeat left center;
    padding-left: 15px;
}
```

此时，主体部分第二行的浏览效果如图 11-24 所示。

图11-24   主体部分第二行的浏览效果

（11）制作主体部分的第三行。

继续在 index.html 的代码窗口中的主体部分第二行代码后输入如下代码。

```html
<!--threerow 开始-->
<div id="threerow">
<div class="threerowL">
    <a href="#" target="_blank" class="enter">
        <img src="images/13.png" alt="">
    </a>
    <a href="mailto:sdxysjxx@163.com" class="mail1">
        <img src="images/mail.png" alt="">
    </a>
    <a href="mailto:sdxyyzxx@163.com" class="mail2">
        <img src="images/mail2.png" alt="">
    </a>
</div>
<div class="threerowR">
    <a href="#" target="_blank"><img src="images/12.png" alt=""></a>
</div>
</div>
<!--threerow 结束-->
```

切换到 index.css 文件，继续添加主体部分第三行的样式代码。

```css
/* 第三行 */
#threerow {
    width: 1200px;
    height: 80px;
```

微课视频

微课 11-6：
制作主体部分
第三行

```
        margin-bottom: 15px;
}
.threerowL {
        width: 462px;
        height: 80px;
        float: left;
        margin-right: 18px;
}

.enter {
        width: 260px;
        height: 70px;
        float: left;
}
.mail1 {
        width: 180px;
        height: 35px;
        float: left;
        margin-left: 22px;
}
.mail2 {
        width: 180px;
        height: 35px;
        float: left;
        margin-top: 10px;
        margin-left: 22px;
}
.enter:hover {
        opacity: 0.7;
}
.mail1:hover {
        opacity: 0.7;
}
.mail2:hover {
        opacity: 0.7;
}
.threerowR {
        width: 720px;
        height: 80px;
        float: left;
}
.threerowR:hover {
        opacity: 0.7;
}
```

此时，主体部分第三行的浏览效果如图 11-25 所示。

图11-25　主体部分第三行的浏览效果

（12）制作主体部分的第四行。

继续在 index.html 的代码窗口中的主体部分第三行代码后输入如下代码。

```
<!--fourrow 开始-->
<div id="fourrow">
<div class="fourrowL">
```

```html
        <h2>教学系部</h2>
        <div class="cont">
            <a href="#" target="_blank">电子与通信系</a>
            <a href="#" target="_blank">软件与大数据系</a>
            <a href="#" target="_blank">数字媒体系</a>
            <a href="#" target="_blank">智能制造系</a>
            <a href="#" target="_blank">现代服务系</a>
            <a href="#" target="_blank">经济与管理系</a>
            <a href="#" target="_blank">基础教学部</a>
            <a href="#" target="_blank">士官学院</a>
        </div>
</div>
<div class="fourrowM">
        <h2>专题站点</h2>
        <div class="cont">
            <a href="#" target="_blank">信院文明网</a>
            <a href="#" target="_blank">语言文字工作专题</a>
            <a href="#" target="_blank">教学辅助平台</a>
            <a href="#" target="_blank">人才培养数据采集</a>
            <a href="#" target="_blank">省级品牌专业群</a>
        </div>
</div>
<div class="fourrowM">
        <h2>热点导航</h2>
        <div class="cont">
            <a href="#" target="_blank">党史学习</a>
            <a href="#" target="_blank">精品课程</a>
            <a href="#" target="_blank">教务管理系统</a>
            <a href="#" target="_blank">特色专业</a>
            <a href="#" target="_blank">教学团队</a>
            <a href="#" target="_blank">空中乘务</a>
        </div>
</div>
</div>
<!--fourrow结束-->
```

切换到 index.css 文件，继续添加主体部分第四行的样式代码。

```css
/* 第四行 */
#fourrow {
    width: 1200px;
    height: 120px;
    margin-bottom: 15px;
}
.fourrowL,.fourrowM {
    width: 374px;
    height: 120px;
    border: 1px solid #ccc;
    border-left: 3px solid rgb(28, 75, 169);
    float: left;
    padding-left: 10px;
    background: #FFF;
}
.fourrowM {
    margin-left: 18px;
}
```

```
#fourrow h2 {
    width: 374px;
    height: 40px;
    line-height: 40px;
    color: rgb(28, 75, 169);
    font-size: 24px;
    font-weight: normal;
}
.cont a {
    line-height: 26px;
    color: #666;
}
.cont a:hover {
    color: rgb(28, 75, 169);
}
```

此时，主体部分第四行的浏览效果如图 11-26 所示。

| 教学系部 | 专题站点 | 热点导航 |
| 电子与通信系 软件与大数据系 数字媒体系 智能制造系 现代服务系 经济与管理系 基础教学部 士官学院 | 信院文明网 语言文字工作专题 教学辅助平台 人才培养数据采集 省级品牌专业群 | 党史学习 精品课程 教务管理系统 特色专业 教学团队 空中乘务 |

图11-26　主体部分第四行的浏览效果

（13）制作主体部分的第五行。

继续在 index.html 的代码窗口中的主体部分第四行代码后输入如下代码。

```
<!--fiverow 开始-->
<div id="fiverow">
<div class="honor">
    <a class="more" href="#" target="_blank"><img src="images/honor.png" alt=""></a>
</div>
<div class="honorsp">
    <a class="sptp" href="video.html" title="学院宣传片" target="_blank"><img src="images/bot1.gif" alt=""></a>
    <a class="sptp" href="#" target="_blank"><img src="images/bot2.jpg" alt=""></a>
    <a class="sptp" href="#" target="_blank"><img src="images/bot3.jpg" alt=""></a>
    <a class="sptp" href="#" target="_blank"><img src="images/bot4.jpg" alt=""></a>
</div>
</div>
<!--fiverow 结束-->
```

切换到 index.css 文件，继续添加主体部分第五行的样式代码。

```
/* 第五行 */
#fiverow {
    width: 1200px;
    height: 120px;
    margin-bottom: 15px;
    background: #FFF;
    border: 1px solid rgb(204, 204, 204);
}
.honor {
    width: 120px;
    height: 120px;
    float: left;
}
```

```
.honorsp {
    width: 1060px;
    height: 100px;
    padding: 10px;
    float: left;
}
.sptp {
    width: 254px;
    height: 100px;
    float: left;
    transform: scale(0.9);
    transition: all 0.6s;
}
.sptp:hover {
    opacity: 0.7;
    transform: scale(1);
}
```

此时，主体部分第五行的浏览效果如图 11-27 所示。至此，主体部分制作完毕。

图11-27　主体部分第五行的浏览效果

（14）制作友情链接部分。

继续在 index.html 文件的代码窗口中的主体部分结束符后面添加如下代码。

```html
<!--link友情链接开始-->
<div class="link">
    <select>
        <option selected="selected" value="">
            = = = = = = = =合作企业= = = = = = =
        </option>
        <option value="#">海尔集团</option>
        <option value="#">中创软件工程股份有限公司</option>
    </select>
    <select>
        <option selected="selected" value="">
            = = = = = = = =教育站点= = = = = = =
        </option>
        <option value="#">省教育厅</option>
        <option value="#">省教育招生考试院</option>
    </select>
    <select name="友情链接">
        <option selected="selected" value="">
            = = = = = = = =友情链接= = = = = = =
        </option>
        <option value="#">工业和信息化部</option>
        <option value="#">经济和信息化委员会</option>
    </select>
</div>
```

切换到index.css文件，继续添加友情链接部分的样式代码。

```
/* 友情链接 */
.link {
    width: 1200px;
    height: 30px;
    line-height: 30px;
    margin: 0px auto;
    margin-bottom: 20px;
}
.link select {
    width: 300px;
    height: 30px;
    line-height: 30px;
    color: rgb(104, 104, 104);
    margin-left: 70px;
}
```

此时，友情链接部分的浏览效果如图 11-28 所示。

图11-28　友情链接部分的浏览效果

（15）制作版权信息部分。

继续在 index.html 文件的代码窗口中添加如下代码。

```
<!--footer 开始-->
<footer>
<div class="footerCon">
    <div class="textlj">
        <img src="images/footer1.png" alt="">
    </div>
    <div class="textm">
        版权所有 © 未来信息学院 鲁 ICP 备 0908370049 号<br> 本站开通中文网址: 未来信息学院.公益
  关注学院微信公众号: 未来信息学院或 ficwx<br> 学院地址: 东风东街 74094 号   滨海
校区: 滨海经济开发区智慧南二街 5808 号<br>学院办公室: 0500-2931600 24 小时值班电话: 0500-2931799 招生
就业指导处: 0500-2931828
    </div>
    <div class="image1">
        <img src="images/ewm.png" alt="">
    </div>
</div>
</footer>
```

切换到 index.css 文件，继续添加版权信息部分的样式代码。

```
/* 版权信息 */
footer {
    background: rgb(26, 74, 168);
    width: 100%;
    height: 150px;
}
footer .footerCon {
    margin: 0px auto;
    width: 1200px;
    padding-top: 35px;
}
.textlj {
    width: 100px;
```

```
        padding-left: 80px;
        float: left;
    }
    .textlj img {
        width: 100px;
        padding-bottom: 10px;
    }
    .textm {
        margin: 0px auto;
        width: 750px;
        text-align: center;
        color: #FFF;
        line-height: 28px;
        overflow: hidden;
        font-size: 12px;
        float: left;
    }
    .footerCon .image1 {
        height: 112px;
        margin-right: 140px;
        float: right;
    }
```

此时，版权信息部分的浏览效果如图 11-29 所示。

图11-29　版权信息部分的浏览效果

至此，主页制作完成，浏览效果如图 10-1 所示。

11.5　制作新闻列表页

制作新闻列表页 newsList.html，显示所有的新闻列表，页面浏览效果如图 11-30 所示。

将主页 index.html 复制一份，改名为 newsList.html，修改主体部分的代码如下。

图11-30　新闻列表页浏览效果

微课视频

微课 11-9：制作新闻列表页

```html
<!--main-->
<div class="main">
  <!--listL左侧内容开始-->
  <div id="listL">
    <div class="Lnews">
        <h2>新闻中心</h2>
        <ul class="Lnewscont">
            <li><a href="#">学校要闻</a></li>
            <li><a href="#">系部动态</a></li>
            <li><a href="#">通知公告</a></li>
        </ul>
    </div>
      <div class="Lnotice">
    <h2>通知公告<span><a href="#" target="_blank">更多&gt;&gt;</a></span></h2>
    <ul class="Lcon">
        <li><a href="#" target="_blank">关于滨海校区供水改造工程项目询价结果公示</a><span>2021-04-09</span></li>
        <li><a href="#" target="_blank">关于制作安装公寓标志牌及文化宣传板的询价公告</a><span>2021-04-08</span></li>
        <li><a href="#" target="_blank">未来信息学院关于采购部分外墙涂料等材料的询价公告</a><span>2021-04-07</span></li>
        <li><a href="#" target="_blank">未来信息学院关于购买公共浴室淋浴花洒询价公告</a><span>2021-04-07</span></li>
        <li><a href="#" target="_blank">未来信息学院2021年图书和2022年期刊采购项目竞争性磋商公告</a><span>2021-04-06</span></li>
        <li><a href="#" target="_blank">未来信息学院关于购买木工维修材料询价公告</a><span>2021-04-06</span></li>
        <li><a href="#" target="_blank">未来信息学院关于购买电工维修材料询价公告</a><span>2021-03-31</span></li>
        <li><a href="#" target="_blank">未来信息学院标兵宿舍、文明宿舍奖品询价公告</a><span>2021-03-30</span></li>
        <li><a href="#" target="_blank">未来信息学院滨海校区生活垃圾清运招标公告</a><span>2021-03-29</span></li>
        <li><a href="#" target="_blank">未来信息学院VR中心无人机采购项目公开招标公告</a><span>2021-03-25</span></li>
    </ul>
  </div>
    </div>
    <!--左侧内容结束-->
    <!--右侧内容开始-->
    <div id="listR">
        <div class="Rtop">
            <h2>新闻中心</h2>
            <span>当前位置: <a href="index.html">首页</a> &gt;<a target="_blank" href="#">新闻中心</a> &gt; 列表</span>
        </div>
        <div class="Rcon">
            <ul>
                <li><span class="date">2021-04-09</span><a href="newsDetail.html" target="_blank">学校联合发起成立软件行业产教联盟</a></li>
                <li><span class="date">2021-04-07</span><a href="#" target="_blank">软件与大数据系举办摄影知识与技巧培训会</a></li>
                ……（下面列表项代码结构类似，此处略）
            </ul>
        </div>
```

```
            <br>
            <div>共 30 条记录 1/2 页  <a  href="#">首页</a> <a  href="#">上一页
</a> <a href="#">下一页</a> <a href="#">尾页</a>
         第
                <select>
                 <option value="1" selected="selected">1</option>
                 <option value="2" >2</option>
                </select>页
              </div>
      </div>
   <!--右侧内容结束-->
   </div>
   <!--main 结束-->
```

在 css 目录中新建一个样式表文件，名称为 list.css，将 index.css 和 list.css 都链接到 newsList.html 页面中。list.css 中的样式，代码如下。

```css
/* 左侧内容 */
#listL{
    width:282px;
    float: left;
    overflow:hidden;
    margin-right:15px;
}
/* 新闻中心 */
.Lnews{
    width:280px;
    height:166px;
    background: #fff;
    border: 1px solid #ccc;
    margin-bottom:15px;
}
.Lnews  h2 {
    width:240px;
    height:38px;
    line-height:38px;
    background:url(../images/head2.png) no-repeat;
    color: #fff;
    font-size: 14px;
    padding-left:40px;
}
.Lnewscont{
    width:240px;
    height:110px;
    padding:10px 20px;
}
.Lnewscont  li{
    width:225px;
    height:30px;
    line-height:30px;
    background:url(../images/arror1.png) no-repeat left center;
    border-bottom: 1px dashed #666;
    padding-left:15px;
}
.Lnewscont  li a:hover {
    font-weight:bold;
```

```
}
/* 通知公告 */
.Lnotice{
    background: #fff;
    float: left;
    width:260px;
    height:400px;
    border: 1px solid #ccc;
    padding:10px;
    margin-bottom:15px;
}
.Lnotice h2 {
    width:240px;
    height:36px;
    line-height:36px;
    background:url(../images/line.png) no-repeat left bottom ;
    color: #1a4aa7;
    font-size: 14px;
    padding-left:20px;
    position:relative;        /* 相对定位 */
}
.Lnotice h2 span{
    position:absolute;        /* 绝对定位 */
    right:0;
    top:0;
    font-weight:normal;
}
.Lnotice h2 span a{
    color:#9f9f9f;
}
.Lnotice h2 span a:hover{
    color:#F00;
}
.Lcon{
    width:260px;
    height:344px;
    padding: 15px 0px 5px 0px;
}
.Lcon li{
    width:250px;
    height:34px;
    line-height:34px;
    background:url(../images/dot1.jpg) no-repeat  left center;
    padding-left:10px;
    border-bottom: 1px dashed #666;
}
.Lcon li span {
    color: #a0a0a0;
    float: right;
    font-size: 11px;
}
.Lcon li a:hover {            /* 鼠标指针悬停 */
    color:#0251b2;
}
#listR{                       /* 右边 */
```

```
        width:858px;
        border:1px solid #ccc;
        background:#FFF;
        float:right;
        padding:10px 20px;
        overflow:hidden;          /* 溢出内容隐藏 */
        margin-bottom:20px;
}
.Rtop{
        width:858px;
        height:30px;
        line-height:30px;
}
.Rtop h2{
        width:75px;
        height: 30px;
        text-align: center;
        border-bottom:2px solid rgb(2,81,178);
        font-size:14px;
        color:#1a4aa7;
        float:left;
}
.Rtop span{
        display:inline-block;     /* 转换为行内块元素 */
        width:783px;
        height: 31px;
        border-bottom:1px solid #999;
        font-size:14px;
}
.Rtop span a{
        color:#000;
}
.Rcon{                    /* 右边列表内容 */
        width:858px;
        min-height: 600px;
}
.Rcon ul li {
        width:843px;
        height:34px;
        line-height:34px;
        background:url(../images/icon.png) no-repeat left center;
        padding-left:15px;
        border-bottom:1px dashed #999;
        float:left;
}
.Rcon ul li .date{
        float:right;
}
.Rcon ul li a {
        color: #3c3c3c;
}
.Rcon ul li a:hover {
        color:#00F;
}
```

至此，新闻列表页制作完成，浏览该页面，效果如图 11-30 所示。

11.6 制作新闻详情页

制作新闻详情页 newsDetail.html，显示一条新闻的详情，页面浏览效果如图 11-31 所示。

图11-31 新闻详情页浏览效果

将 newsList.html 页面复制一份，改名为 newsDetail.html。该页面的内容与 newsList.html 的相比，只是右侧内容不同，因此修改该页面右侧部分的代码如下。

```html
<!--右侧内容开始-->
<div id="listR">
    <div class="Rtop">
        <h2>新闻中心</h2>
        <span>当前位置: <a href="index.html">首页</a> &gt; <a target="_blank" href="#">
新闻中心</a> &gt; <a target="_blank" href="#">学校要闻</a>&gt;正文</span>
    </div>
    <div class="Rcon">
        <h2>学校联合发起成立软件行业产教联盟</h2>
        <h3>撰稿人: 软件与大数据系 时间: 2021-04-09 20:33:17 浏览次数: 181 次</h3>
        <div class="DetailCon">
        <p>4 月 9 日，软件行业产教联盟成立大会在济南举行。会议举行了省优秀软件企业和优秀软件产品颁奖
仪式，主题演讲活动于同日举办。</p>
        <p>软件行业产教联盟是在省工业和信息化厅指导下，由我校和浪潮集团、省软件行业协会联合发起成立，
联盟有企业会员 196 家、高校会员 55 所。我校任联盟副理事长。</p>
        <p class="cent"><img src="images/lianmeng.jpg" alt="成立现场"></p>
        </div>
    </div>
    <div class="preNext">
        上一篇: <a href="#">软件与大数据系举办摄影知识与技巧培训会</a><br>
        下一篇: <a href="#">我院在省新一代信息技术创新应用大赛——工业信息安全技能大赛中荣获三等
奖</a>
    </div>
</div>
</div><!--右侧内容结束-->
```

该页面不需要新建样式表文件，直接打开 css 目录中的 list.css 文件，继续在该文件中添加 newsDetail.html 页面的样式代码即可。新添加的样式代码如下。

```
/* 右边详情内容 */
.Rcon  h2{
    width:858px;
    height: 40px;
    line-height:40px;
    text-align: center;
    color: #ff7200;
    font-size: 20px;
}
.Rcon  h3{
    color: #6f6f6f;
    font-size: 14px;
    height: 40px;
    line-height: 40px;
    text-align: center;
    font-weight:normal;
}
.DetailCon{
    border-top:1px dashed #ccc;
    border-bottom:1px dashed #ccc;
    padding-top:5px;
}
.DetailCon  p{
    width:858px;
    color: #161616;
    font-size:16px;s
    line-height: 26px;
    padding-top:15px;
    text-indent:2em;
}
.DetailCon  p.cent{
    text-align:center;
}
.preNext{
    line-height: 30px;
    margin-top: 20px;
}
.preNext  a {
    color:#999;
    }
.preNext  a:hover{
    color: #1a4aa7;
    }
```

至此，新闻详情页制作完成，浏览该页面，效果如图 11-31 所示。

学院网站的 3 个主要页面制作完成。在 3 个页面中创建超链接，使各个页面能相互正常跳转。

为了说明在网页中如何添加视频播放效果，下面新建一个视频宣传页。

11.7　制作视频宣传页

制作学院网站视频宣传页 video.html，播放学院的宣传片，页面浏览效果如图 11-32 所示。

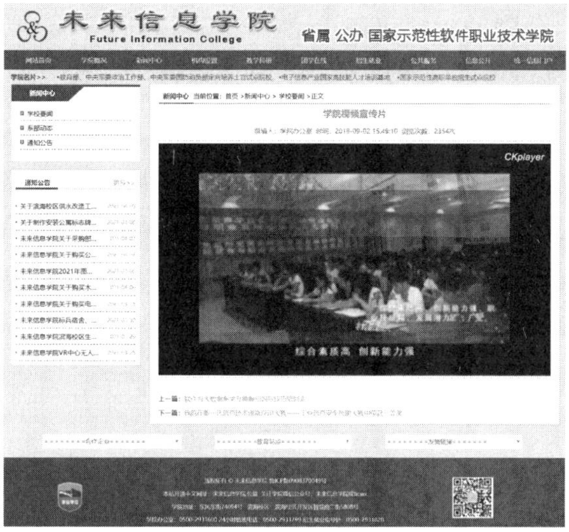

图11-32　视频宣传页浏览效果

微课视频

微课 11-11：制作视频宣传页

将 newsDetail.html 页面复制一份，改名为 video.html，修改该页面的代码如下。

```
    <!--右侧内容开始-->
    <div id="listR">
          <div class="Rtop">
            <h2>新闻中心</h2>
            <span>当前位置：<a href="index.html">首页</a> &gt;<a target="_blank" href=
"#">新闻中心</a>  &gt; <a target="_blank" href="#">学校要闻</a> &gt;正文</span>
           </div>
           <div class="Rcon">
             <h2>学院视频宣传片</h2>
           <h3>撰稿人：学院办公室  时间：2018-09-02 15:49:10  浏览次数：2354
次</h3>
             <div class="DetailCon">
               <video src="images/video.mp4" controls autoplay loop></video>
             </div>
       </div>
       <div class="preNext">
            上一篇：<a href="#">软件与大数据系举办摄影知识与技巧培训会</a><br>
            下一篇：<a href="#">我院在省新一代信息技术创新应用大赛——工业信息安全技能大赛中荣获三等奖</a>
       </div>
    </div><!--右侧内容结束-->
```

该页面也不需要新建样式表文件，直接打开 css 目录中的 list.css 文件，继续在该文件中添加 video.html 页面的样式代码即可。新添加的样式代码如下。

```
    /* 视频样式 */
    .DetailCon  video{
      width:100%;
      height:500px;
    }
```

至此，视频宣传页制作完成，浏览该页面，效果如图 11-32 所示。

在页面中插入视频的代码如下。

```
<video src="images/video.mp4" controls autoplay loop></video>
```

<video>是插入视频的标记，其中 src 表示视频的文件路径，controls 表示在播放视频时出现控制菜单，autoplay 表示自动播放，loop 表示循环播放。

HTML5 支持的视频格式有 Ogg、MP4、WebM 等。

若要播放音频文件，则用到的标记及格式如下。

```
<audio src="音频文件路径" controls autoplay loop></audio>
```

<video>和<audio>这两个标记的属性是相同的，属性是通用的。

HTML5 支持的音频格式有 Ogg、MP3、WAV 等。

至此，学院网站典型页面制作完成，其他页面同学们可参考这些页面自行实现。

> 说明   本网站没有添加脚本的动态效果，如果想学习动态效果的添加，可以参考本书提供的源程序。

任务小结

本任务完整地制作了一个学院网站，制作流程如图 11-33 所示。通过该网站可学会静态网站的制作。

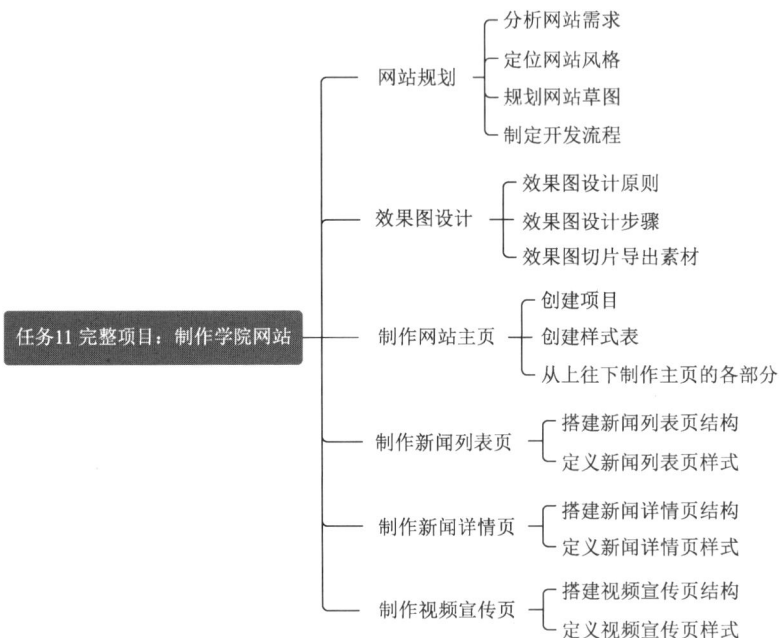

图11-33　学院网站制作流程

实训 11

一、实训目的

综合利用本学期所学内容，制作静态网站。

二、实训内容

自定网站主题，制作专题性站点。

要求：

（1）利用 HTML5+CSS3 技术制作静态网站。

（2）所创建的网站包括 1~3 个页面，第一个页面为首页，第二个页面为列表页，第三个页面为详情页。

（3）页面采用 HTML5+CSS3 进行布局，必须包含导航栏，导航栏中的栏目包含 6～10 项。

（4）所有网页链接外部样式表均需进行外观设置。

（5）网站主题突出，内容要专、精。

（6）网页选择一种主色调，其他颜色作为辅助色配合主色调来使用，注意颜色的搭配，不要太过艳丽。

（7）页面中主体内容的字体使用 12～14px，字体不要太大，使页面内容尽量充实；标题的字体使用 16～20px。

（8）建议网页的宽度设为 1000～1200px；页面中的图片要使用合理，尽量不要使用太大的图片，也不要过多使用图片；各个页面之间的链接要合理有效。

（9）网页尾部信息中包括版权信息、制作者的班级、学号、姓名、联系方式等。

三、实训总结

请你分别总结本次实训的收获与不足之处，分享制作过程的小技巧。

扩展阅读

网页的配色原则

色彩对网站有重要的作用。色彩是网页最容易吸引人的地方之一，良好的色彩搭配能给用户带来良好的视觉感受，有效展示企业品牌形象，提高品牌价值。在设计网站时要选好主色调，遵循色彩搭配原则，并首先考虑使用网页安全色，避免色彩过于杂乱，详细说明如下。

1. 选好网页主色调

选择主色调时，应首先确定网站的主题、服务对象和产品的特点，以及网站想营造的氛围，这些都可通过色彩表达出来。例如，蓝色可表现清凉、舒爽、深远、宁静、理智，多用蓝色搭配的网站一般都是科技、制药、服饰、金融、交通等行业的网站。红色可表现热情、奔放、前卫等特点，可用于食品、时尚、电商等行业的网站。

2. 限制使用色彩的数量

一般情况下，可选择一两种辅助色配合主色调，整个网页的色彩最好控制在 3 种以内。辅助色的比例虽小，却起着缓冲和强调的作用。辅助色能使主色调流畅，让页面呈现出活力、趣味性。辅助色与主色调搭配合理，可使整个页面特色鲜明，引人注目。网页的辅助色可用主色调的同类色、邻近色、对比色。

3. 使用网页安全色

网页安全色是在各种浏览器、各种设备上都可以无损失、无偏差输出的色彩集合。在设计网页时尽量使用网页安全色，避免因色彩失真，导致用户看到的效果与你制作时看到的相差太多。否则，一旦你使用的色彩文件与用户的不同，可能会出现偏色很严重的情况。

但随着硬件设备精度的提升，有些网站大胆尝试使用非网页安全色，也取得了较好的视觉效果。

参考文献

[1] 李志云，董文华. Web 前端开发案例教程（HTML5+CSS3）（微课版）[M]. 2 版. 北京：人民邮电出版社，2023.

[2] 李志云. 网页设计与制作案例教程（HTML+CSS+DIV+JavaScript）[M]. 北京：人民邮电出版社，2017.

[3] 黑马程序员. HTML+CSS+JavaScript 网页制作案例教程[M]. 2 版. 北京：人民邮电出版社，2021.

[4] 黑马程序员. HTML5+CSS3 网页设计与制作[M]. 北京：人民邮电出版社，2020.